# 0基礎學會財務管理

秒懂公司財富密碼的現金流
**投資經營必備的金融知識**

石野雄一／著
陳識中／譯

非常感謝你從書店架上選中本書。

本書是為了滿足出於以下各種需求,而對財務知識產生興趣的讀者們所寫的:擔任企業經理、在公司財務部門任職的員工、企業經營者、正在研讀財務管理的學習者、正在考慮自己創業的人以及公司的新進員工等。是我投入全副身心凝聚而成的知識精華。

儘管這世上沒有幾本為一般民眾介紹會計學的書,卻也出版了不少關於財務知識的大眾讀物。

而能在這麼多的同類書籍中挑中本書——雖然有點老王賣瓜的意思,但你一定是個非常幸運的人。

為什麼這麼說?

因為,**這本書是眾多財務知識書中最簡單好讀的那一本!**

我本身是 1 名創業家、專門傳授財務知識的教學者,但在此之前曾擔任過銀行員、在美國商管學院取得 MBA 學位、回日本後又在日產汽車公司的財務部門上班,而後又轉到外資的管理顧問公司任職。可以說我每一天都在跟數字和財務報表格鬥。

在這些日子裡,我自己領略到一些發現諸如「原來難背的算式背後有這種意圖」、「原來艱澀的專業術語只要換個解釋方式也能很好理解」等,付出許多努力加以整理。而在 2007 年出版的《公司不教,但要你懂的財務知識》(繁體中文版由大是文化出版),便是我在更深入鑽研這些發現和心得後,以究極的易理解性為目標之成果。

該作品在日本各類財務大眾讀物中創下鶴立雞群的銷量,實體書加電子書共賣出超過 16 萬本,成為市場暢銷書。能取得這樣的成績,都得感謝各位讀者支持我所致力的方向。

本書《0基礎學會財務管理》則是基於最新的知識，全面翻新前作內容。同時變更了版型，還增加了插圖，用螢光標示重點部分，以「更究極的易理解性」為目標而推出的新版本。儘管增量更新後定價也跟著增加（對不起！），但我有自信易讀性和內容充實度也增加了不止2倍 —— 宣傳的部分就到此為止。

如果你是完全不懂財務知識的人，這裡先稍微簡單解釋什麼是財務。所謂的財務，一言以蔽之就是「**公司的資金調度和運用**」。

比方説你在Ａ公司任職。而財務就是思考Ａ公司要「從哪裡、用多少利息融資」來經營事業，與「如何使用」借款。是經營學之一。

那麼，財務是為了什麼而存在呢？
答案是「**最大化企業的價值**」。
企業價值愈高，在裡面工作的人就會開心，然後員工的家人也會開心，股東也開心，債權人也開心，交易的對象也開心，當然老闆也開心……所有跟這間公司有所關聯的人都會變開心。這就是財務的世界。

不過，我可以明白地告訴你，財務是很困難的。而且不只困難，還很深奧。但也正因為如此才有學習的價值，搞懂並學會如何運用它的喜悦是難以言喻的。而我由衷希望你也能體會到這份喜悦。

不好意思前言寫得太長了。

那麼，就讓我們一起踏上快樂輕鬆又好懂的財務之旅吧！

2022年6月

石野雄一

前言 ——————————————————————————— 2

第1堂 這就是
「會計跟財務的差別」———————————— 9

● 會計處理「利益」，財務處理「現金」————————— 10
● 會計看「過去」，財務重「未來」————————————— 12
● 財務管理充滿外來用語 ———————————————————— 13
● 財務會計與管理會計 ————————————————————— 14
● 財報三表 ——————————————————————————————— 15
● 企業調度資金的方法 ————————————————————— 17
● 資產負債表的兩端 ——————————————————————— 18
● 應收帳款與應付帳款 ————————————————————— 18
● 本票 ————————————————————————————————— 20
● 庫存 ————————————————————————————————— 21
● 非流動資產 ——————————————————————————— 21
● 流動負債與非流動負債 ———————————————————— 22
● 資本額與保留盈餘 ——————————————————————— 23
● 資產負債表只能呈現決算當天的狀況 ———————— 24
● 「現金為王」的原因 ——————————————————————— 25
● 管理營運資金的重要性 ———————————————————— 26
● 認識損益表中的 5 種獲利 ————————————————— 27
● 最該重視的是營業淨利 ———————————————————— 29
● 損益表為因，資產負債表是果 ————————————— 29
● 營業活動的現金流 ——————————————————————— 31
● 投資活動的現金流 ——————————————————————— 33
● 融資活動的現金流 ——————————————————————— 33
● 關於自由現金流之一 ————————————————————— 34

事業階段和現金流的模式 —————————— 35

「融資」和「存款」也是種投資 —————————— 37

「零負債經營」只是債權人的想法 —————————— 38

為何股東和債權人會有心態差異？ —————————— 39

經營者之職責 —————————— 41

第2堂　**這就是「財務管理的基本」** —————————— 43

公司的財務管理三決策 —————————— 44

提升企業價值的最終目的 —————————— 46

只看帳面利益的黑字倒閉陷阱 —————————— 46

從會計本位到財務主導 —————————— 49

「危機」的真正意義 —————————— 50

風險的本質＝將來的不確定性 —————————— 51

報酬＝收益率＝報酬率 —————————— 54

期望報酬率＝必要報酬率 —————————— 55

高風險、高報酬原則 —————————— 56

債務成本 —————————— 58

權益資金成本 —————————— 58

計算權益資金成本 —————————— 60

$\beta$ 值的思維 —————————— 61

CAPM 理論的極限 —————————— 63

資本成本 —————————— 63

資金成本是債權人和股東的機會成本 —————————— 65

為何歐美沒有經常利益的概念 —————————— 66

資金成本＝WACC（加權平均資金成本）？ —————————— 67

WACC 的計算方式 —————————— 68

不知道 WACC 的經營者 —————————— 70

計息債務的節稅效果 —————————— 72

如何減少 WACC —————————— 73

稅後營業淨利才是企業的實際收入 ——————— 76

應付帳款或票據不計入投入資本的理由 ——————— 77

EVA 利差 ——————— 80

如何取得投資人信任 ——————— 81


第3堂 **這就是**
**「金錢的時間價值」** ——————— 83

金錢價值會因時間點而異 ——————— 84

複利的概念 ——————— 84

計算終值 ——————— 86

計算現值 ——————— 87

將終值換算成現值的折現 ——————— 89

折現率跟必要報酬率 ——————— 90

風險認定跟折現率的關係 ——————— 91

永久債券的現值 ——————— 94

成長型永久債券的現值 ——————— 96


第4堂 **這就是**
**「企業價值」** ——————— 99

事業價值與非事業資產價值 ——————— 100

關於自由現金流之二 ——————— 101

折舊攤提 ——————— 104

減去營運資金的增加額 ——————— 106

用 WACC 當折現率 ——————— 112

計算事業價值 ——————— 114

股價過高或過低的情況 ——————— 116

管理營運資金 ——————— 117

◉ 重複算計 ———————————————— 119

**第5堂** **這就是**
**「投資決策的判斷方法」** ———— 121

◉ 投資判斷的決策流程 ———————————— 122
◉ 淨現值法 ———————————————— 123
◉ 折現跟使淨現值的關係 ———————————— 125
◉ 總公司淨現值小於0的原因 ——————————— 127
◉ 內部報酬率法 —————————————— 128
◉ 與WACC相比 —————————————— 129
◉ 最低資本報酬率 —————————————— 131
◉ 內部報酬率法的注意事項 ——————————— 133
◉ 回收期間法 ——————————————— 135
◉ 預測現金流時的注意事項 ——————————— 137
◉ 沉沒成本 ———————————————— 138
◉ 機會成本 ———————————————— 140
◉ With-Without原則 ————————————— 141

**第6堂** **這就是**
**「借還款的方法」** ——————————— 145

◉ 槓桿效應 ———————————————— 146
◉ MM定理 ———————————————— 148
◉ 節稅效果愈好，企業價值愈高 —————————— 149
◉ 過多的計息債務，反會降低企業價值 ——————— 152
◉ 什麼是最適資本結構？ ———————————— 152
◉ 「減少計息債務」真的好嗎？ —————————— 155
◉ 對信用評等的誤解 ————————————— 156

● 股票配息的原理 ——————————————————— 157
● 配息與企業價值 ——————————————————— 158
● 買回自家公司股份 —————————————————— 160
● 企業生命週期與分配 ———————————————— 161
● 將財務管理當成經營者的決策工具 ————————— 161


● **參考文獻** ——————————————————————— 164

● **索引** —————————————————————————— 165

內文設計：石川直美

圖版製作：浜本ひろし

本書出現的 EVA 為美國 Stern Stewart&Co. 的註冊商標

第 1 堂

這就是
「會計跟財務的差別」

## 會計處理「利益」，財務處理「現金」

在正式進入財務的主題之前，我們先來聊聊無論如何總是跟財務難分難捨的會計吧。

首先問大家1個問題。

請問你說得出會計（Accounting）跟財務（Finance）的差別嗎？在日本，前者通常用傳統的漢字詞彙，後者卻大多使用外來語的片假名詞彙表示。我們就在此來說說其中的緣由。

雖然這是根據我個人的經驗，但在我認識的人中，能明確回答出兩者差別的人其實不多。然而，這卻是1個非常重要的問題，會計跟財務可以從3個重點來清楚區分。

第 一 個 差別：**會計是處理「利益」，而財務是處理「現金（Cash）」**。

會計中的「利益」是指「商品或服務的營收，減去生產和銷售該商品或服務時所花費的成本」，再說得更簡單一點就是「**營收減去成本**」（圖1）。

這裡的**營收和成本跟實際上有無現金進出無關，在商品賣出的瞬間，會計上就已經「視為」入帳**，可被計入會計財務報表的損益表內。其實，這也是為什麼同一間公司的「會計利益」和「現金餘額」數字往往不一樣的原因之一。

而「**黑字倒閉**」現象就與此相關。相信大家應該曾聽過這個名詞吧？所謂的黑字倒閉，就是指1間公司明明有賺錢（帳務上是黑字，表示有盈餘），卻因為現金不夠用而被迫倒閉收場，是慘到令人笑不出來的現象。

這種情況通常發生在會計上雖然已經計入營收，但實際上卻遲遲沒能從客戶那裡拿到現金的時候。結果，公司因為資金周轉不來而無以為繼。令人意外的是，就連在企業經營者之中，也有很多人不曉得

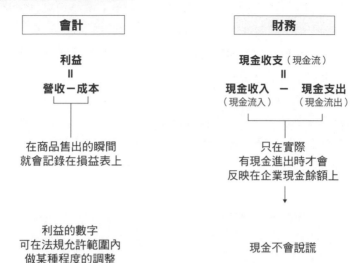

圖1　會計和財務的差別①

| 會計 | 財務 |
|---|---|
| **利益**<br>＝<br>**營收－成本** | **現金收支**（現金流）<br>＝<br>**現金收入**　－　**現金支出**<br>（現金流入）　　（現金流出） |
| 在商品售出的瞬間<br>就會記錄在損益表上 | 只在實際<br>有現金進出時才會<br>反映在企業現金餘額上 |
| 利益的數字<br>可在法規允許範圍內<br>做某種程度的調整 | 現金不會說謊 |

為何會發生黑字倒閉的原因。

　　在財務的世界，**企業活動產生的現金流動俗稱現金流。而現金流又分為現金收入（現金流入）和現金支出（現金流出）**（圖1）。現金收入減去支出等於現金收支（現金流）。不同於「會計利益」，現金流量只在實際有現金入帳或出帳時，才會反應在企業的現金餘額上。

　　此外，會計計算上的「利益」，可以依照計算時所採用會計準則或是經營者個人的認定，進行一定程度的調整。「調整」算是美化過的說法，講得明白點其實就是「標準不一」。

　　所謂的會計準則，簡單來說就是「財務報表的寫法」。雖然目前的趨勢是依循國際會計準則推動全球統一的標準，但要達成這個目標仍遙遙無期。比如日本全國共有約3800間上市公司，其中使用國際會計準則製作財務報表的公司僅有250間左右。大多數的企業仍然依循日

本自有的會計準則。

　　歐盟（EU）自2005年起已強制規定所有上市公司都必須採用國際會計準則；而美國則依然在使用自己的會計準則。

　　換言之，現在會計界存在各式各樣不同的會計計算方法。就我來看是非常惱人又複雜怪異的世界。

　　相較於此，財務管理所處理的「現金」就沒有任何調整的空間。不論依循哪國的會計準則、不論經營者個人怎麼認定，都不會改變公司的現金餘額。這就是為什麼我們常說「**現金不會說謊**」。首先請大家把這點深深烙印在腦中。

## 會計看「過去」，財務重「未來」

　　而第二個差異是：會計和財務所面對的「時間軸」不一樣（圖2）。**會計處理的是企業「過去」的業績**。構成財務報表的三大要素（15頁的圖4）：資產負債表、損益表、現金流量表上面的數字，全部都是「過去」的數字。

　　與此相對的，**財務處理的是「未來」的數字，也就是企業未來會產生的現金流**。

　　這點正是財務管理備受重視的理由。因為，**企業的經營者經常面對的難題是，為了公司的「未來」，「現在」要採取什麼行動**。換句話說，企業的經營者必須不斷去平衡「現在的投資」和「未來的報酬」。因為沒有投資，未來就不會有報酬。

　　當然，即便是為了公司的未來，也不宜貿然投資太大的項目；但另一方面，若太過執著於增加眼前的現金而犧牲了企業的存續發展，也同樣過猶不及。所以企業經營者必須時常在現在和未來之間找到平衡點。要處理的是「利益」還是「現金」、要把眼光放在「過去」還是「未來」，這便是會計和財務之間最大的差別之處。

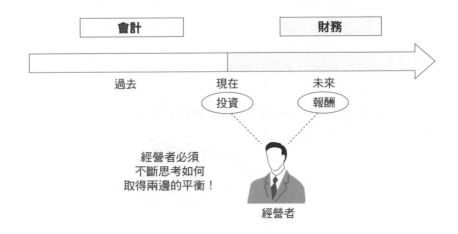

**圖 2　會計和財務的差別②**

會計　　財務

過去　　　　現在　　　　未來
　　　　　　投資　　　　報酬

經營者必須
不斷思考如何
取得兩邊的平衡！

經營者

## 財務管理充滿外來用語

　　至於第三個差異則稍微畫蛇添足一些，就是從業者的習慣用語。在日本，會計人員常使用「借方」或「貸方」等詞彙。這些都是記帳時會出現的用詞，所以一般大眾在聽到會計時，總是馬上聯想到記帳。

　　另一方面，財務人員卻開口閉口都是外來用語。比如財務在日文中明明就有「財務」這個標準的漢字寫法，社會上卻更常用「Finance」的英文外來用語。還有故意把「市場」說成「Market」、把「計息債務」叫「Debt」，把「股東權益」稱為「Equity」等等，簡直就是外來用語大雜燴。

　　不知為何，就連書寫也是用外來語比較多。也許跟財務理論是在美國發展起來的有關。畢竟美國孕育了許多知名學者，如哈里·馬科維茨（Harry Max Markowitz）、威廉·夏普（William Forsyth Sharpe）、羅伯特·C·莫頓（Robert C.Merton）、邁倫·舒爾茲（Myron Scholes）

等都是靠財務理論拿到諾貝爾經濟學獎的。

## 財務會計與管理會計

接著，我們將會更詳細認識到會計是什麼。如果你認為自己「已經非常熟悉會計」的話，請直接跳到第2堂課。

**企業會計可大致分成財務會計和管理會計兩種**（圖3）。這兩者分別對應不同目的。財務會計是向「外部」報告的會計。所謂的「外部」是指股東、金融機關、稅務機關等等。比如製作財務報表就屬於財務會計的領域。

相對地，管理會計是幫助經營者或經營管理者經營企業的會計。

但無論是哪一種，**會計都是「掌握企業業績」所不可或缺的工具，**請務必記住這一點。

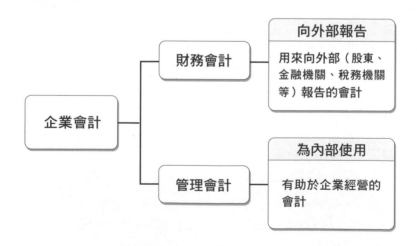

圖3　會計體系圖

企業會計
　財務會計
　　向外部報告
　　用來向外部（股東、金融機關、稅務機關等）報告的會計
　管理會計
　　為內部使用
　　有助於企業經營的會計

## 財報三表

接著來說說財務報表。**財務報表是由資產負債表、損益表、現金流量表這三者組成（圖4），三者合稱「財報三表」。**

首先從資產負債表開始介紹。

損益表是用來顯示公司當期有多少營收，以及有多少獲利或虧損，在某種程度上十分簡單易懂；相反地，資產負債表則常被認為「很難看懂」。然而，只要有個初步的概念，就會發現資產負債表實際上並沒有那麼難以理解。

資產負債表的英文為Balance sheet（縮寫為BS），一如次頁的圖5所見，表中黃色部分的左側是【資產】，右側是【負債】和【股東權益】（股東權益又叫淨資產或淨值）。一個常見的誤解是以為資產負債表上的【資產】等於【負債】和【股東權益】的總合，有如天秤的兩端，所以才叫做Balance sheet；但其實這裡的Balance不是「平衡」，而是「餘額」的意思。換言之，Balance sheet其實是「餘額表」的意思。

图4　財報三表

第1堂●認識「會計跟財務的差別」 15

資產負債表可顯示出企業資金的「調度」和「運用」。換言之，就是可以從中看出1間公司是如何籌措資金的——用負債，還是用股東權益的形式，以及如何運用籌到的資金。

**圖5　資金的調度和運用**

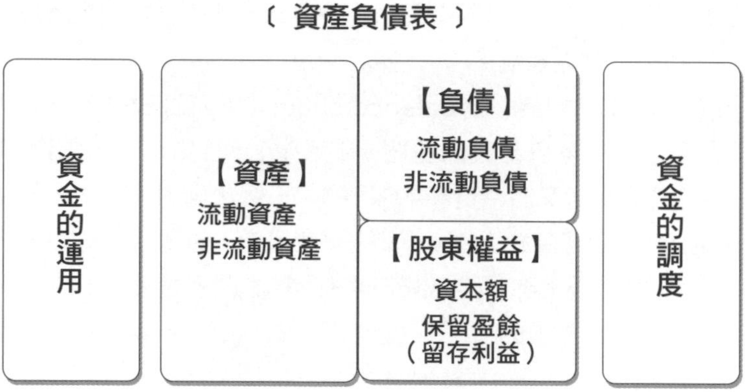

〔 **資產負債表** 〕

資金的運用

【資產】
流動資產
非流動資產

【負債】
流動負債
非流動負債

【股東權益】
資本額
保留盈餘
（留存利益）

資金的調度

**圖6　企業調度資金的方法**

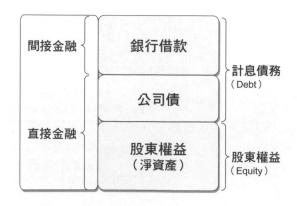

間接金融

銀行借款

公司債

計息債務
（Debt）

直接金融

股東權益
（淨資產）

股東權益
（Equity）

此外，所謂的負債指的是貸款或公司債等會產生利息的計息債務（Interest-bearing debt）或應付帳款等債務；而股東權益是指股東的出資（資本額）和至今為止公司累積的利益（保留盈餘）。**用負債或是股東權益調度到的現金一般會用來購買資產（＝投資），藉此產生報酬**。首先請大致有這個概念就好。

## 企業調度資金的方法

這裡來介紹一下企業調度資金的方法。

基本上，企業調度資金的方法分為「用計息債務」和「用股東權益（發行股票）」。其中計息債務的英文叫「Debt」，而股東權益是「Equity」，因此用計息債務調度稱為「Debt finance」，用股東權益則稱為「Equity finance」（有時股東權益又叫「自有資本」）。

而**計息債務又可粗分成銀行借款和公司債2大類，其中銀行貸款叫間接金融，公司債和股權融資合稱直接金融（左頁的圖6）**。至於這裡說的間接和直接，指的是投資人和企業之間的關係。

在此說明一下企業向銀行等金融機構借款的流程。

首先，投資人（＝存款人）先投資金融機構（＝存錢）。（要注意把錢存進銀行，本質上就是投資銀行的意思，這點後面的章節會有更詳細的說明）。然後得到投資的金融機構會以對企業融資的形式進行投資。從此可見，投資人和企業之間有金融機構扮演中介的角色。之所以會說「間接」就是源自於此。

另一方面，用發行公司債或股票來調度資金時，投資人和企業之間則完全按照字面意義，是直接來往的關係。有人可能會反駁說：「股票必須透過證券公司才能購買，這樣就算不上是『直接』吧？」但以這個情況來說，投資人透過證券公司購買股票，並不是先投資證券公司，才由證券公司出面投資企業。證券公司充其量只是仲介，是完全靠手續費賺錢的盈利模式。

## 資產負債表的兩端

再回到資產負債表的部分。資產負債表大致分成資金運用和資金調度2大塊（圖7），而這2塊又可以再加以細分，將資金運用的部分分成流動資產和非流動資產，資金調度的部分分成流動負債、非流動負債以及股東權益。

## 應收帳款與應付帳款

那麼，首先來看看資金運用部分的流動資產吧（圖7）。

圖7　資產負債表的結構（資金運用面）

| 資金運用 | 資金調度 |
|---|---|
| **流動資產**<br>現金、存款<br>有價證券<br>應收帳款<br>應收票據<br>庫存 | **流動負債**<br>應付票據<br>應付帳款<br>短期借款 |
| | **非流動負債**<br>長期借款 |
| **非流動資產**<br>有形固定資產<br>無形固定資產<br>投資及其他資產 | **股東權益**<br>資本額<br>保留盈餘 |

**流動資產**
- ■現金、存款（手頭現金和銀行存款）
- ■有價證券（投資有價證券作為短期資金運用）
- ■應收帳款（尚未收取的銷售額）
- ■應收票據（代替現金收取的本票）
- ■庫存（＝存貨）

**非流動資產**
- ■有形固定資產（土地、建築物、機械設備等）
- ■無形固定資產（經營權、專利權等）
- ■投資及其他資產（互相持股等長期保有的股份）

粗略來說，**流動資產指的是「可以在1年內變成現金的資產」**。要具體說明的話，最先想到就是「現金和存款」。除此之外，還有短期性的有價證券、應收帳款或應收票據。

公司在販賣商品時，除非交易對象或客戶是當場支付現金，不然

大多會以特定的條件交易，比如月底結帳再於下個月底付款等。這種交易形態叫「賒購」。

此時，在客戶實際支付款項過來前，在會計上這筆錢會被視為資產的應收帳款來計算（應付帳款則相反，賒帳買入的金額在計算時會被當成資產負債上的流動負債）。

為了讓大家確實掌握應收帳款的概念，這裡出個問題考考大家。請依據次頁的圖8回答下述問題（此為日本的會計年度，為當年4月1日到隔年3月31日）：

這間公司銷貨收入的交易條件是月底結帳、3個月後的月底收款。請問本年度銷貨收入的3000萬元中，到年度結束時還未收回的銷貨收入有多少？（次頁的圖8上表中的黃色部分）

沒錯，由於12月的營收275萬要到3月末才會收回，所以在年度末（3月末）時仍未收回的帳款有1月、2月以及3月這3個月的營收，合計為825萬元。實際上這些錢會以應收帳款的形式算在資產負債表的左側。

那再來是應付帳款的問題。應付帳款會寫在資產負債表的右側，跟應收帳款一起思考會比較容易理解。那麼一樣請依據圖8回答下面的問題：

這間公司進貨支出的交易條件是月底結帳、2個月後的月底付款，請問本年度的採購支出的1500萬元中，年度結束時還未支付的進貨支出有多少？（圖8下表中的黃色部分）

應付帳款的計算方式就跟應收帳款一樣。你算出答案了嗎？
沒錯，答案是2月加3月的2個月份之總合288萬元。

圖 8　應收帳款餘額和應付帳款餘額

單位：萬元

| | 4月 | 5月 | 6月 | 7月 | 8月 | 9月 | 10月 |
|---|---|---|---|---|---|---|---|
| 銷貨收入 | 250 | 220 | 250 | 250 | 200 | 275 | 230 |
| | 11月 | 12月 | 1月 | 2月 | 3月 | 總計 | |
| | 225 | 275 | 250 | 275 | 300 | 3,000 | |

至3月底仍未收回的金額（應收帳款）◀

單位：萬元

| | 4月 | 5月 | 6月 | 7月 | 8月 | 9月 | 10月 |
|---|---|---|---|---|---|---|---|
| 採購支出 | 125 | 110 | 125 | 125 | 100 | 138 | 115 |
| | 11月 | 12月 | 1月 | 2月 | 3月 | 總計 | |
| | 111 | 138 | 125 | 138 | 150 | 1,500 | |

至3月底仍未支付的金額（應付帳款）◀

## 本票

　　應收票據是指在賣出商品時，並非直接收取現金，而是以本票的方式收到的支付工具（次頁的圖9）。這部分會被算在流動資產上（18頁的圖7）；相反地，採購生產商品所用的原料等等時，以本票來代替現金支付的話，支付的帳款就屬於應付票據，則會被算在資產負債表的流動負債上（22頁的圖10）。

　　本票也就是由開立票據的出票者付給收取者，承諾會在未來一定期限內支付本票所記載之金額的證券。本票可以代替現金，在商場上當成支付和收款的工具。換言之，這張票承諾了「誰會在何時之前，支付給某個人多少錢」。假如出票人沒有按照約定付款，這張票就會「跳票」。

**圖9　日本的本票**

【必須記載的項目】
①標明此為本票的文字　②約定支付特定金額的數字與文字　③支付日期　④支付地點
⑤收取人或其指定之收取者　⑥出票日期　⑦出票地點　⑧出票者的簽名

　　不過，日本政府為了減少這類本票交易，經濟產業省已宣布日本將於2026年全面廢止紙本本票，宣言未來將推動電子債權化。

## 庫存

　　接著介紹庫存。零售業等行業在進貨到把商品賣掉的這段期間，或是製造業等採購原料到把產品生產出來賣掉的這段期間，公司所採購的商品或原料都會被視為庫存，計算在流動資產上（次頁的圖10）。

## 非流動資產

　　所謂的非流動資產，指的是「**變成現金所需的時間超過1年的資產**」。而非流動資產又大致分成有形固定資產、無形固定資產、投資及其他資產3種（圖10）。

　　首先是有形固定資產，這是指土地、建築物、機械設備等的資

產；而無形固定資產則有經營權、專利權等沒有形體的資產。至於長期持有的有價證券則歸類在投資及其他資產。

## 流動負債與非流動負債

　　接著介紹資產負債表上資金調度的部分。一如前述，這部分分成流動負債、非流動負債以及股東權益（圖10）。

　　**所謂的流動負債，指的是1年內必須償還的負債**。首先就是前面所說過的應付票據和應付帳款。此外還有短期借款，假如向金融機構融資而來的借款，必須償還的期限為1年以內的話，就會被歸類為流動負債。

　　另一方面，**非流動負債指的是不需要馬上償還的負債**。其一是長期借款，也就是向金融機構融資而來的貸款，償還的期限超過1年。除

**圖10　資產負債表的結構（資金調度面）**

| 資金運用 | 資金調度 |
|---|---|
| **流動資產**<br>現金、存款<br>有價證券<br>應收帳款<br>應收票據<br>庫存 | **流動負債**<br>應付票據<br>應付帳款<br>短期借款<br>**非流動負債**<br>長期借款<br>公司債 |
| **非流動資產**<br>有形固定資產<br>無形固定資產<br>投資及其他資產 | **股東權益**<br>資本額<br>保留盈餘 |

**流動負債**
- 應付票據（代替現金支付的本票）
- 應付帳款（尚未支付的款項）
- 短期借款（向金融機構融資的借款中，償還期限為1年內者）

**非流動負債**
- 長期借款（向金融機構融資的借款中，離償還期限多於1年者）
- 公司債（分為普通公司債和可轉換公司債）

**股東權益**
- 資本額（毋須償還）
- 當期純益減去所發放之股息後，每期累積下來的保留盈餘（又叫留存利益）

此之外還有公司債，這是指公司為調度資金而發行的債券，跟長期借款一樣分類為非流動負債。

## 資本額與保留盈餘

股東權益分成資本額和保留盈餘。前者是公司在成立時投入的錢，後者是公司成立至今累積起來的錢。很容易混淆「股東權益」和「資本額」的關係，必須多加注意。在我還是銀行員的時候，就曾經誤以為只要1間公司不增資（增加資本額），股東權益就不會有所變動。然而，事實上不變的其實只有「資本額」，而只要公司有獲利的話，每年累積下來的保留盈餘都會成為「股東權益」的一部分，使得「股東權益」增加。

資本額和保留盈餘都不需要還給當初提供資金的股東。然而，這裡要強調的是，還是**必須把這兩者計入企業的成本之中**。

股東提供資金給企業不是為了做慈善，而是期待有所「回報」才會投資企業。而企業必須用配發股息（Income gain）或股價上升產生的資本利得（Capital gain）提供股東「回報」。所以這個「回報」會對企業形成「權益資金成本」（關於這部分我們會在第2堂課講解）。

而企業內部實際剩餘的獲利，便等於每期的本期淨利（28頁的圖12）減去給股東們的配息後所剩下的部分，而這部分每年累積下來就是保留盈餘。

保留盈餘（Retained earnings）又可稱作「留存利益」。很多人以為保留盈餘就像是被公司私吞埋起來的「寶藏」，但很可惜的，這筆寶藏其實並不存在。

以上介紹的就是資產負債表中的各個項目。

## 資產負債表只能呈現決算當天的狀況

話說回來，當我還在銀行工作時，有1位公司社長正苦於沒有資金周轉，他曾經這麼問過我：

「我們公司真的沒有半毛錢了。當初成立公司時投入的1000萬元資本額，難道沒辦法拿出來用嗎？」

答案是「沒辦法使用」。

這位社長當初拿出來成立公司的1000萬元，資本額並不是直接以現金的形式存放在公司的銀行戶頭裡。

先前我們說過「資產負債表顯示的是資金的運用和調度狀況」。右側的資金調度充其量只顯示了公司當時是如何籌到資金的，資本額並不會以「可供使用的形式」留存下來。這位社長以資本額形式籌得的1000萬元，實際上早已「輪迴轉世」變成資金運用的應收帳款或是庫存，又或是土地、建築物的形式，換言之**已經被拿去運用了**。但這位社長卻誤以為，這筆資本額還一直放在銀行帳戶裡。所以才會說出「想把當初投入的1000萬元拿出來使用」這樣的話。

那麼，究竟哪些才是這位社長可以拿出來使用的錢呢？答案是資產負債表上屬於流動資產的現金和存款。然而，資產負債表上的現金和存款數字也不過僅限於決算日當天的餘額，不代表公司現在真的剩下這麼多錢。所以說，不管是1000萬元還是1億元，**資本額的「金額多寡」都跟企業的資金周轉沒有關係**。

選擇用借款或公司債等通稱計息債務的方式來調度資金，或是以股東權益來籌措，都會影響企業價值，是舉足輕重的大事。不過，就算1間公司的資本額很高，也不代表資金周轉就會比較輕鬆。從資金周轉的觀點來看，資產負債表上資金運用的流動資產（現金以及存款）更加重要。

然而，必須再次強調，資產負債表上所顯示的充其量只是當期決

算日當天的狀況。上面的數字有可能隔天就不一樣了。前面我們提到會計和財務的時間軸差異時，強調會計終究只能顯示過去的數字，無法表達出現在這個時間點的情況，指的就是這回事。因為公司每天都在進行營業活動，所以資產負債表上的數字也是每時每刻都在改變。

## 「現金為王」的原因

企業的營業活動，以製造業為例，指的就是採購原料、生產加工製品、銷售產品，最終將產品換成現金，就是不斷重複這個過程的循環。在這個循環中，支付原料的銷貨成本期限，通常比銷貨收入實際的入帳時間更早。因此，為了填補這兩者的時間差所造成的資金缺口，公司必須隨時備有一定量的現金。這筆現金就叫做**營運資金**（Working capital，次頁的圖11）。

在此以汽車製造為例子。為了生產汽車，首先得採購鋼鐵等原料。從下單採購到實際支付帳款前，這筆採購款會以應付款項的形式計算在資產負債表上。這裡說的應付款項就是前面說的應付帳款和應付票據之總稱，也可以稱為應付款。

另一方面，生產出來的產品在賣出去前都會被當成存貨，在資產負債表上計算為庫存。

接著，車子終於在門市賣出去了。客人在車行簽約、交車後，這輛車就會被計算成公司的營收。但是，客人購車所支付的銷貨收入，在實際進帳前都會被算成應收款項。應收款項是應收帳款與應收票據的總稱。

如此一來，就有可能發生必須先支付原料的採購費，之後才能收回客人購車款項的情形。因此，**公司必須持有現金，以補足從支付採購款後到收回銷售款前的資金缺口**。而這筆現金就稱為營運資金。而想要增加營運資金，就必須準備更多的現金。

日本商場有句俗話叫「**現金為王**」。比如超級市場就是其中的例子

圖 11　營運資金

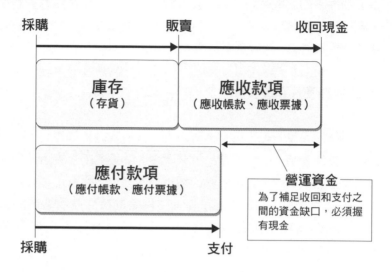

之一。超級市場在銷售商品時可以直接從客人那裡收到現金，但採購時卻可以向供應商約定延後付款。由於生鮮食品等商品大多當天就會全部賣完，不會留下存貨，因此資產負債表上就幾乎只剩應付款項而已。由此可見，做現金買賣的行業，因為通常是先收錢後付款，所以不需要營運資金。因此，這類行業的資金周轉非常輕鬆（關於營運資金的部分，我們會在第4堂課詳細介紹）。

## 管理營運資金的重要性

關於營運資金的部分，我想分享一下以前日產汽車公司陷入經營危機時，是用何種方式來快速減少計息債務的。

公司的資產分為跟主要事業有關的「核心資產」，以及跟主要事業無關的「非核心資產」，很多人都知道日產汽車公司在那時賣掉了後者的「非核心資產」。之後，為了減少應收款項，日產汽車公司還設法盡

可能地縮短銷售收入的收回時間，同時也盡量減少庫存（存貨）。換言之，他們一口氣將流動資產的部分壓縮了不少。

在顧客交車時，如果讓他們可以自由選擇「在自己方便的時間」轉帳，資金周轉便可能出現問題。因為這會使得收回銷貨收入的時間變長，導致應收款項增加。而應收款項增加，意謂著必須設法找到更多現金來填補資金缺口，而以前的日產汽車公司往往選擇用計息債務來周轉。

但後來日產汽車公司意識到，公司的計息債務之所以愈來愈高，正是因為賣車的售貨款項收回的時間太長，加上存貨愈來愈多所致，於是當時我所任職的日產汽車公司財務部門開始每月向當時公司的CFO（財務長）莫隆凱（Thierry Moulonguet）報告每間銷售代理店的收回貨款時間排名。另一方面，還製作了檢查表給位於銷售第一線的代理店銷售員使用。內容比如立下規定，要求在決定交車日的同時也要確定客人付款的日期，不在檢查表上填寫付款日期就不能交車等等。透過這些不起眼的改變，公司支付和收回現金的時間差漸漸縮短，抱著「能省一點是一點」的心態，漸漸償還掉計息債務。最後，這個做法也實際重振了日產汽車公司，可見嚴格管理營運資金有多重要。

## 認識損益表中的5種獲利

接著是損益表。損益表跟資產負債表相比較為簡單，單純顯示公司的營收減去支出後，最終產生多少獲利或虧損。

一間公司的獲利分為③銷貨毛利、⑤營業淨利、⑧經常利益、⑪稅前淨利、⑬本期淨利這5項（圖12）。

首先，公司獲利的主要源頭是①銷貨收入，也就是1間公司提供的產品、商品或是服務的銷售額。比如汽車製造商的銷貨收入就等於〈汽車單價×輛數〉。而②銷貨成本則是指生產汽車所花費的製造成本。比如採購原料的錢、在工廠作業的工人薪資等等都包含在內。

銷貨收入減去銷貨成本就是③銷貨毛利。銷貨毛利又可簡稱為毛利。其計算方式是用產品、商品或服務本身的銷售額，減去生產該產品、商品或服務所需的費用。因此，銷貨毛利也可說是反映了1間企業為產品、商品或服務創造附加價值的能力。

而銷貨毛利減去④「銷售費用及一般管理費」後就是⑤營業淨利。所謂的銷售費用及一般管理費，是指販賣產品、商品或服務的行為本身所產生的開銷、廣告宣傳費或工廠人員之外的公司人事費等等各種費用。這筆費用又簡稱為「管銷費用」。

營業淨利加上⑥業外收入，也就是來自於本業之外的收入（比如利息收入等），再減去⑦業外支出（比如利息支出等）之後，就等於⑧經常利益。

**圖 12　損益表的內項（此為日本的會計準則）**

| | | |
|---|---|---|
| | ① 銷貨收入 | 產品、商品、服務的銷售額 |
| | ② 銷貨成本 | 產品的製造成本或商品的採購成本 |
| ③＝①－② | 銷貨毛利（毛利） | 表示產品有多少附加價值的利益 |
| | ④ 銷售費用及一般管理費 | 花在銷售或管理活動的費用 |
| ⑤＝③－④ | 營業淨利 | 表示本業獲利能力的利益 |
| | ⑥ 業外收入（利息收入、股權配息等投資利益等） | 營業活動外的經常性收入 |
| | ⑦ 業外支出（利息支出等） | 營業活動外的經常性支出 |
| ⑧＝⑤＋⑥－⑦ | 經常利益 | 一般營業活動或融資活動產生的利益 |
| | ⑨ 非常利益 | 因特殊原因產生的收入 |
| | ⑩ 非常損失 | 因特殊原因產生的損失 |
| ⑪＝⑧＋⑨－⑩ | 稅前淨利 | 企業的所有活動產生的利益 |
| | ⑫ 營業所得稅等 | 基於稅法，針對當期所得課徵的稅金 |
| ⑬＝⑪－⑫ | 本期淨利 | 扣除稅金後最後剩下的獲利 |

至於⑨非常利益和⑩非常損失，則是指通常的營業活動外產生的損益。比如公司賣掉閒置土地（沒有用於營業的土地）所得的收入，或是購買閒置土地時產生的損失，就會被計算成非常利益和非常損失。另外，當發生召回問題產品等情況時產生的損失也算是非常損失。

經營利益加上非常利益和非常損失，但未扣除⑫營業所得稅的利益則是⑪稅前淨利，而扣除營業所得稅後就是⑬本期淨利。本期淨利又叫稅後淨利。

## 最該重視的是營業淨利

以前在日本有段時期，曾經認為對企業而言「最重要的是經常利益」，但**現在最受重視的是營業淨利。因為營業淨利代表了「本業的獲利能力」。**

日本在1986年至1991年間的泡沫經濟時期，民間企業很流行打著理財的名義，向銀行等金融機構大量融資，再把錢拿去投資證券等商品。而這類投資產生的股息等收入，這些都屬於業外收入。所以，只要投資成功，經常利益就會大幅增加，不少公司的經常利益遠遠大於營業淨利。然而，**本業不賺錢的企業，稱不上是真正「有實力」的企業。**

順帶一提，經常利益是日本獨有的概念，國際會計準則和美國會計準則都沒有這個項目。在會計準則國際標準化的趨勢中，理所當然的結果是營業淨利比經常利益更加受到重視。

## 損益表為因，資產負債表是果

接著我們來看看資產負債表和損益表之間的關係。

請見次頁的圖13，這張概念圖表示了某公司在2022年4月1日和2023年3月31日的2張資產負債表之間的關係（一如前面所說，資產負債表只呈現製作當下的公司資金運用和調度狀況）。

圖 13　資產負債表和損益表的關係圖

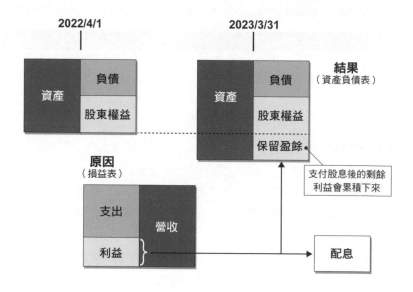

這間公司自2022年4月1日起的1年間透過營業活動產生的收入，減去賺取此收入所耗費的費用後，最終獲得利益，而配完股息後剩下的利益在1年後的2023年3月31日時，累積到了保留盈餘的部分……請用這個概念來理解圖13。

從這張圖，我們可以說損益表為因，而資產負債表是果。而利益必定會計入股東權益。請不要跟以前的我一樣混淆了股東權益和資本額。除非公司進行增資或減資，否則資本額永遠不會改變。相反地，股東權益每期都會因為保留盈餘而發生變化。

這裡讓我們快速回顧一下資產負債表和損益表的知識吧。資產負債表是用來表示1間公司在決算日當天資金的「調度與運用」狀況。而造成資產負債表發生變化的原因，則是損益表所記錄的利益和損失。若營收減去支出後為正值，則資產負債表的保留盈餘增加；反之若數字為負值，則保留盈餘減少。兩者之間有著如此的關係。

## 營業活動的現金流

接著要說明現金流量表。現金流量表用於表示企業有多少現金流入，又有多少現金流出的現金變化情形。若想知道資產負債表上1年間現金和存款增減的具體細節，那麼只需要檢視現金流量表便能一目瞭然。

請見次頁的圖14，本圖分成「I.營業活動的現金流」、「II.投資活動的現金流」以及「III.融資活動的現金流」3個部分。觀察「營業活動的現金流」，可以得知該間企業擁有多少產生現金的能力。若這間公司的營業活動的現金流高於其他同業，就可以認定這間公司「創造現金的能力比較剛高」。

在上市的公司中，有些公司雖然在損益表上營收和淨利雙雙增加，但實際上「營業活動的現金流」卻是負值。之所以會出現這樣的情形，背後原因跟先前提到的利益和現金之差別有關。換言之，不論公司的帳面上有多少營收跟獲利，只要款項還沒入帳，手上就沒有現金。而手頭現金不足可能會導致資金周轉不來的問題。所以，若「營業活動的現金流」是負值，意謂著這間公司可能有「經營上的問題」。

不過，有時企業處於草創等事業正起步階段時，「營業活動的現金

圖 14　現金流量表上的 3 種現金流

## 現金流量表的內項

（單位：億元）

### I.營業活動的現金流

| | |
|---|---|
| 1.稅前淨利 | 361 |
| 2.折舊攤提費用 | 232 |
| 3.投資有價證券之販賣損益（△是正） | △11 |
| 4.非流動資產之販賣損益（△是正） | 0 |
| 5.應收款項之增減額（△是增加） | △65 |
| 6.庫存之增減額（△是增加） | △50 |
| 7.應付款項之增減額（△是減少） | 23 |
| 8.其他資產、負債之增減額 | 138 |
| 9.營業所得稅等支付額 | △231 |
| **營業活動的現金流** | **397** ─① |

### II.投資活動的現金流

| | |
|---|---|
| 1.定存的純增減額（△是增加） | 96 |
| 2.賣出非流動資產的收入 | 0 |
| 3.取得非流動資產的支出 | △532 |
| 4.投資、取得有價証券的支出 | △42 |
| 5.投資、賣出有價證券的收入 | 17 |
| **投資活動的現金流** | **△461** ─② |

### III.融資活動的現金流

| | |
|---|---|
| 1.短期借款的純減少額 | △11 |
| 2.由長期借款衍生的收入 | 289 |
| 3.償還長期借款的支出 | △21 |
| 4.配息的支出額 | △50 |
| **融資活動的現金流** | **207** ─③ |
| **現金及現金同等物的增減額** | **143**　（① ② ③） |
| **現金及現金同等物的期初餘額** | **523** |
| **現金及現金同等物的期末餘額** | **666** |

**自由現金流（①+②）**

**△表示金錢由公司金庫支出**

## 背後思維

①
- ●可看出公司擁有多少產生現金的能力
- ●若此項現金流比其他同業更高，代表此公司有競爭力
  （可比較此公司與其他公司的營業CF/銷售收入或營業CF/投入資本等的比率）
- ●若此項現金流為負值，代表該公司正面臨經營危機
  （但若該公司的事業正處於起步階段則不在此限）

②
- ●可看出這間公司投資了什麼、投資了多少
- ●比較折舊攤提費用和取得非流動資產的支出，可了解此公司是否積極投資設備
- ●須注意跟營業CF之間的平衡（若FCF※連續2期為負就是警戒訊號）

③
- ●可由此看出公司現金的過剩或短缺狀況、調度資金的方法與財務政策
- ●若此項為正值，代表此公司所需資金不足，正在調度新的資金
- ●若此項為負值，代表此公司營業活動取得的現金充足，正透過減少計息債務、積極配息、買回自家公司股份等手段回饋股東

※FCF（自由現金流）：營業活動的現金流＋投資活動的現金流

流」也會呈現負值。然而，對於已有一定成長，處於成熟期的公司，營業活動的現金流正常情況下不可能是負值。所以若此項為負，就代表這間公司的經營出現問題。

## 投資活動的現金流

觀察「投資活動的現金流」的數字，可以看出1間公司投資了什麼，以及投資了多少錢。比較其中取得有形固定資產的支出額和折舊攤提費用（會在第4堂課說明），即可看出**該公司的投資活動是否積極**。

不過，並非積極進行投資活動就是好事。如果拿來投資的金額超過本業收入，也有可能衍生出「雖然很積極投資沒錯，但會不會過於冒進了呢？」的擔憂。所以說，在比較這兩者的數字時也要留意是否平衡。

所謂「投資活動的現金流」，便是指1間公司拿出多少現金進行投資（Cash out），因此基本上會是負值。當然，假如公司賣掉非流動資產或有價證券，就會反過來有現金流入，使得投資活動的現金流有時會變成正值。

另一方面，如果1間公司的經營很健全，就會獲得現金（Cash in），使「營業活動的現金流」變成正值。

而這2種現金流相加之後若為正值，就表示這家公司**在營業活動賺到的現金非常充裕，足以拿出多餘的錢使用在投資活動上**。這也代表這家公司有能力減少計息債務、發放股息、買回自家公司股份等方式來回饋股東。

## 融資活動的現金流

減少計息債務、發放股息、買回自家公司股份（參照160頁）等融資活動，會讓「融資活動的現金流」變成負值。因為站在企業的角度，

這些行為就是把現金送出去。

相反地，如果「營業活動的現金流」和「投資活動的現金流」相加為負數，代表這間公司需要調度資金來維持營運。因此，此時「融資活動的現金流」通常會是正值。

觀察「融資活動的現金流」，可以掌握**該間公司進行營業活動和投資活動時現金的過剩、短缺狀況或取得資金的方式**。換句話說，我們可以從中得知這家公司的財務戰略。比如在資金調度方面，我們可以觀察它是向金融機構借款，還是發行公司債，又或者是藉由發行股份，也就是以權益融資的方式來週轉資金。

## 關於自由現金流之一

我們可以從現金流量表看出什麼端倪呢？簡單來說，我們可以從中得知公司**在過去1年間現金餘額增減的原因**。換言之，現金流量表所呈現的資料就是該間公司在過去1年間到底做了哪些活動而使得現金增加（或減少）。

順帶一提，這裡說的**投資活動不包含在融資活動之中**。所謂的融資活動，指的是資金調度，或是分配現金獲利。因此，設備投資或企業併購（Mergers and acquisitions，縮寫為M&A）等投資活動並不算是融資活動。

而「營業活動的現金流」和「投資活動的現金流」兩者加總，就稱為「自由現金流」。通常在計算企業營運績效的時候，便是使用此定義的自由現金流當作依據（不過實際在計算企業價值時，會用更複雜的方式來計算自由現金流，但這裡暫且略過。詳細的內容會在第4堂課說明）。

**自由現金流又被定義為公司可自由分配給為該公司出資的投資者（股東和債權人）之現金流。**

這個「自由」指的是對投資人而言的自由，也就是「這筆現金你可以自由使用沒關係」的意思。雖然聽起來可能有點難懂，不過這部分

我們會在第4堂課更加詳細解釋，這邊大概先有個概念即可。

真正重要的部分在於，若自由現金流連續2期都為負值，那就是警戒訊號。而連續3期負值的話，那更是無限接近危險紅燈的黃燈警訊了，請特別留意。

因為自由現金流連續2期、3期都是負值，意謂著公司的投資沒有為營業活動帶來成效。或者換個說法，這間公司做的投資根本對營業活動毫無幫助。

## 事業階段和現金流的模式

接著來看看現金流的模式（次頁的圖15）。先前我們提到了當公司處於剛起步時的階段，「營業活動的現金流」可能是負值。事實上，現金流的模式會隨企業所處的事業階段有很大的變化。

不知道你有沒有聽過產品生命週期的S型曲線呢？企業的營收會按開發期、成長期、成熟期與衰退期的順序變化，畫出S型的曲線（圖15的上圖）。

在圖15的下圖則代表了現金流量表上的3種現金流（Cash flow，縮寫為CF），會如何隨著事業的4種階段而有所變動。

在開發期，由於公司幾乎只有現金流出而沒有收回，所以「營業活動的現金流」（營業CF）為負值；這個時期同時也是公司必須不斷地大量投資的階段，導致現金不停流出。因此「投資活動的現金流」（投資CF）也會是負值。在這個狀態下，公司必須持續從其他地方調度資金。所以「融資活動的現金流」（融資CF）會是正值。

不過，等到事業步入正軌，經過成長期進入成熟期後，「營業活動的現金流」便會轉負為正。此時投資活動也變得穩定，故「融資活動的現金流」會逐漸減少，最後開始償還借款或回饋股東，變成負值。

其中也有一些明明還在開發期，「融資活動的現金流」卻變成負值的情況。比如剛上市的企業發放股息。雖然這種做法按常理來說非常

圖 15　不同事業階段的企業營收與現金流模式

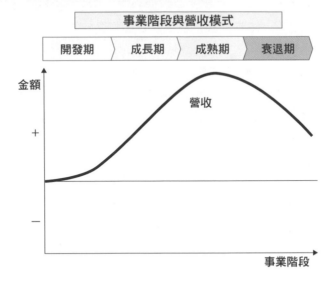

事業階段與營收模式

| 開發期 | 成長期 | 成熟期 | 衰退期 |

金額

＋

營收

－

事業階段

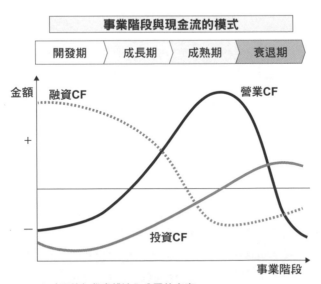

事業階段與現金流的模式

| 開發期 | 成長期 | 成熟期 | 衰退期 |

金額

融資CF

＋

營業CF

－

投資CF

事業階段

＋（正值）代表錢流入公司的金庫
－（負值）代表錢從公司流出

不可思議，但現實中卻時不時會出現這麼做的公司。背後的動機令人起疑。

　　成功上市的創業家老闆，為了向股東們展示公司未來成長（股價上升）的潛力，吸引大家來投資自家的股份，通常不能輕易賣掉手中的持股。可如此一來，老闆就無法直接享受到公開上市的好處。因為即使公司成功上市，也不代表錢會直接進到老闆的口袋。所以才用上市調度到的資金來發放股息，這麼一來現金就會以股息的形式進入老闆自己的口袋。雖然這充其量只是推論，但每當有被外界預期將會高速成長的新創企業宣布要發放股息時，我總會忍不住這麼揣測。

## 「融資」和「存款」也是種投資

　　根據前面介紹的內容，下面我想帶大家思考一下怎樣才能算1間「好公司」。提到「好公司」，有人想到的是「薪水高」，也有人想到的是「公司福利制度完善」，或是「對社會有所貢獻」等等，每個人心中應該各有不同的定義，但這邊我想把標準統一成「對投資人而言的好公司」。

　　根據教育部國語辭典上的定義，所謂的投資人就是「將資本、財物、勞務直接或間接投入某種企業的經營，而企圖獲得預期報酬利潤的人」。但投資人其實有2種。

　　相信大家最先想到的答案應該會是企業的股東吧。不過，由於投資人的定義是提供資本的人，在這層意義上，其實債權人（借錢給別人的人）也同樣是投資人之一。也就是說，銀行當然也是投資人。聽到這句話，有的人可能會反駁說：「銀行做的不是投資，而是融資」。但請仔細想想看，就會發現**融資的本質就是投資企業**。而銀行對企業做的，正是名為融資的投資。

　　而把錢存進銀行也是相同的道理，「存款」＝「投資」，換言之**存款人正在做的就是投資銀行**。由於我們已經太習慣存款和融資等的詞彙，以致於很難把它們跟投資聯想在一起。我本身曾在身為「債權

人」的銀行工作了大約10年之久，假如當時我能抱持「自己正在投資企業」的認知來辦理業務，相信我對自身的工作將會有一番截然不同的認識吧。

　　既然是投資，就必定會要求報酬。而根據高風險、高報酬原則（這是財務管理的重要概念。我們會在第2堂課詳細介紹），當投資的風險愈高，投資人期望的報酬當然也會愈高。

　　然而，傳統的日本金融機構卻普遍缺乏報酬應符合風險的概念。在日本，那些照理說應該用高利率融資的對象，卻會有不少銀行願意用低得驚人的利率「融資」給他們，而且這種案例還屢見不鮮。

　　而且，如果理解「存款」＝「投資」的概念，那麼看到自己存款的銀行利率比其他銀行更高時，就不會只覺得「真幸運！」而會自然地懷疑：「該不會這間銀行的破產風險很高啊？是因為不用這麼高的存款利率，就吸引不到資金嗎？」若能有這樣的認知，便不會被眼前的報酬蒙蔽雙眼，日後才不會遭遇到欲哭無淚的情形。高報酬的背後必然伴隨高風險，這是世間的常理。

## 「零負債經營」只是債權人的想法

　　拉回正題，投資人分為股東和債權人2種。而且兩者對「好公司」的定義各不相同 —— 首先請記住這件事。

　　**以股東來說，他們更重視企業的成長性**。換言之，股東們希望公司的營收節節攀升。在股東看來，為了達到這目標而增加一點計息債務也是不得已的事。

　　另一方面，**債權人重視企業的穩定性**。因此他們不希望公司的計息債務增加。以前我在當銀行員的時候也是，總是暗自希望借款少、業績好的客戶「別跟其他銀行貸款，要借錢就來跟我們借嘛」。由此可見，對於銀行員來說，更希望把錢借給沒有計息債務，亦即沒有什麼借款的企業或是倒閉機率低的企業。

　　在日本常常聽到人說「某公司是零負債經營，所以是間好公司」，

但是各位讀到這裡，應該都可以看出這句話只是代表債權人的單方面看法了吧。

## 為何股東和債權人會有心態差異？

那麼，為什麼股東重視的是成長性，而債權人會更重視穩定性呢？為了回答這問題，就必須思考損益表和企業利害關係人之間的關係（圖16）。

企業的利害關係人有客戶、供應商、員工、債權人、中央與地方政府、股東等個體和組織。首先企業經營者為客戶提供產品、商品或服務來取得營收（銷貨收入），接著再由所有利害關係人來分這筆營收。你可以把當中的利益關係想像成一群人在吃「流水麵」。

**圖 16　流水麵理論**

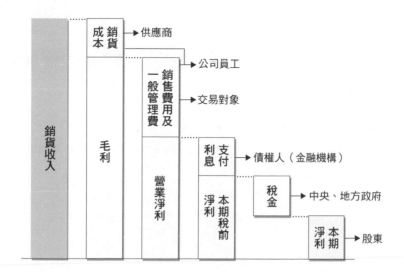

在這群人中，第一個吃到麵的是供應商。

即使是不需要採購原料的公司，也會以銷貨成本的形式向供應商支付這筆費用。而銷貨收入減去銷貨成本後，剩下的就是毛利。

緊接著供應商，排在第二順位吃到的是員工和交易對象。站在企業的角度，被員工和交易對象吃掉的這些麵是以管銷費用的形式支付出去；接著剩下來的營業淨利還要對債權人支付利息，換債權人吃下一部分；然後再換國家政府以徵稅的名義吃一些；而等上面這些人都吃過後，**最後剩下來的麵才輪到股東分食。**

只要用這個理論來想，就能理解為什麼股東會希望「公司銷貨收入愈高愈好」了。因為銷貨收入不高的話，就沒有足夠的麵可以流到最後（對股東而言，虧損時最多就是賠掉出資額，有一定的限度；但獲利卻相反，可以無限往上）。

然而債權人卻不同，雖然他們也是投資者，但在這條流水線上可以比股東更優先吃到麵。況且企業融資的利息，也就是債權人能拿到的報酬，早在借入的那一刻就已經事先簽約決定好了。

所以，不論企業營收增加多少都跟債權人無關。因此，比起快速成長增加營收，或是為了追求高報酬而進行高風險的投資，債權人更希望企業能穩步提升銷貨收入（當然，如果銷貨收入下跌導致破產，別說是利息了，債權人將連本金〔最早借出去的錢〕都收不回來）。

由此可見，即便同為投資者的角色，也會產生**股東更重視成長性，而債權人更重視穩定性**（圖17）的情況。這樣子說明，大家都有理解到背後的原因了嗎？

股東希望的是股東價值（＝股東分到的部分）增加，而債權人希望的則是公司能穩健地償還本金以及利息（股東價值的部分將在第4堂課說明）。

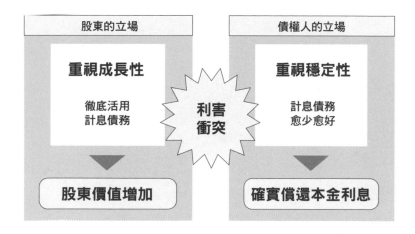

圖 17　股東和債權人對「好公司」的不同定義

| 股東的立場 | 債權人的立場 |

重視成長性

徹底活用
計息債務

利害
衝突

重視穩定性

計息債務
愈少愈好

股東價值增加

確實償還本金利息

## 經營者之職責

順帶一提，有時會聽到人們說重視股東的經營方式往往會輕視員工。然而事實絕非如此。

這是因為，股東是在流水麵的流水線上最後才吃到麵的角色。所以要是股東能吃到的麵愈多，排在上游的員工也能一同受惠。

對企業而言，重要的是維持事業。大幅削減成本或是裁員雖然可以在短期之內增加股東的利益（麵），但站在事業維持性的觀點，這樣做就好比是自己掐著自己的脖子。從這個層面來看，公司的配息必須保持在合理的範圍不可。

而妥善掌舵讓公司能做到這點，就是被股東委以經營大任的經營者之職責。

# 第 2 堂

## 這就是
## 「財務管理的基本」

## 公司的財務管理三決策

讓各位久等了。從本章開始終於要正式進入財務管理的部分。

大家聽到財務（Finance）這個詞，腦中想到的都是哪些東西呢？在日本，要是沒有財務相關知識的話最常回答出「資金調度」。這可能是因為日本有許多民間信貸服務公司都叫「〇〇Finance」的緣故。而實際上，日本著名辭典《廣辭苑》（岩波書店）的條目上也是將其解釋成「資金調度」。當然，「資金調度」的確是財務的重要工作之一。

而對財務工作稍微有一點了解的人，應該會回答財務＝資金運用才對。這也是正確答案。

然而，財務管理不只是資金的調度和運用而已。因此，接下來就讓我們一起來看看所謂的財務管理到底是什麼吧。

企業的工作是進行營業活動 ── 這點應該沒有人會否認吧。那麼，營業活動又是什麼呢？假如認真探究這問題，便會發現營業活動的本質是在「**投資某種東西**」。

舉個例子，要製造某個產品，首先必須購買原料，然後還需要工廠或機器，而運作工廠或機器還需要錢。由此可見，要進行營業活動，就必須對某些東西投入資金（投資）。

請看圖18。進行**與投資相關的決策**，這正是財務工作的主要領域之一（①投資）。

在決定進行某項投資後，接著要面對的第一個問題，便是從何取得、以何種方式取得投資所需的資金。

是要用負債（銀行貸款、公司債）調度呢？還是用股東權益調度呢？換言之，必須決定是要向銀行借錢？還是要發行公司債？抑或是發行新的股份，以增資的方式從證券市場調度？ ── 諸如此類**與資金調度相關的決策**，也是財務工作的領域（②調度）。

接著，下一步是把調度到的資金投入營業活動，加以投資運用。如果最後投入的錢賺回來了，就必須把錢還給當初提供資金的投資

圖 18　企業的投資、調度與報酬的分配流程

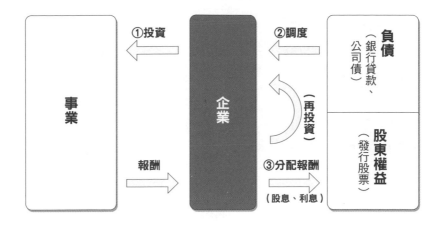

人。而投資人分為2種，這點我們在上一堂課已經說明過了。沒錯，就是股東和債權人。

　　然而，投資取得的金錢並不會全部都還給投資人，也有「不償還」的選項。當然，對於債權人的部分一定得按照合約償還利息；但股東的部分卻可以選擇不還，改把投資所得的報酬再次拿去投資。這類**跟配息相關的決策**，又或者說**跟報酬分配相關的決策**，其實也是財務工作的重要領域（③分配報酬）。

　　總而言之，所謂的財務管理就是**決定是否進行投資、決定如何調度投資所需的資金以及決定如何分配投資所得的錢（報酬）**，跟這3種決策有關的學問。

　　而這3種決策的目的則是**最大化企業的價值**。請先記住這句話（次頁的圖19）。

　　此外，這些也還不是財務管理的全部，而是在財務管理中名為公司理財（Corporate finance）的部分，亦即屬於企業財務的分野。

圖 19　財務管理三決策

① 投資與否的決策
② 資金調度的決策
③ 跟報酬分配相關的決策

最大化
企業價值

## 提升企業價值的最終目的

不過，最大化企業價值也不是財務管理的最終目的，只是維持事業存續的手段。**要維持事業存續，就必須進行研究（事業）開發或設備投資等未來性的投資**。但有時光靠自有資金或借款仍不夠用，必須用股份來調度資金。假如1間公司會若無其事地把股東出資的100萬揮霍成80萬甚至90萬，那麼誰也不會提供金錢給這家公司。換言之，想要順利調度資金，必須先採用能提高企業價值的方式經營公司。

實際上，維持事業這件事情也同樣不是財務管理的目的，而是手段。**維持事業的目的，是確立企業的存在意義，以實現企業的使命（Mission）和願景**。說得白話一點，就是解決這世界的某個問題。

提升企業價值的經營方式，也就是最終企業能為世界提供價值、幫助世界變得更好。至少我自己個人是如此認為的（圖20）。

## 只看帳面利益的黑字倒閉陷阱

那麼，我們在此認識一下財務管理，對於企業價值的定義究竟是什麼吧。

財務管理中的企業價值，指的是「**對投資人而言的企業價值**」。這裡不厭其煩地再次溫習：投資人包含股東和債權人。投資人提供資金給公司，因此公司的經營者必須每天思考，怎麼做才能最大化他們心

圖 20　提升企業價值的最終目的

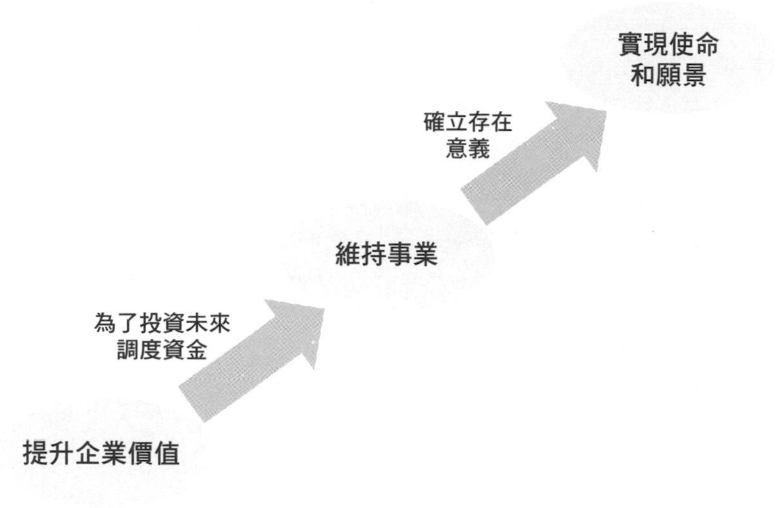

**實現使命
和願景**

確立存在
意義

**維持事業**

為了投資未來
調度資金

**提升企業價值**

目中的企業價值，並透過決策來實現。

　　話雖如此，企業經營者也不能只替股東和債權人著想就好。如果不能妥善地分配價值給包含投資人在內的所有利害關係人，企業就會難以維持下去。

　　在第1堂課的開頭，我們說過會計和財務所處理的東西不一樣。各位還記得是什麼嗎？沒錯，是利益和現金。關於這話題我們前面只有蜻蜓點水，這裡就再稍微介紹得更詳細一點吧。

　　以前的日本企業，人們普遍重視會計上的利益。企業經營者把力氣都放在公司增加了多少營收，亦即增加了多少利益上。雖然這種潮流現在已經消退了不少，但到依然有些根深蒂固的觀念。現在，當聽到「營收、獲利連續××年雙增！」等消息，仍有不少人會心想「那間公司很厲害」。

那麼，利益跟現金到底哪裡不一樣呢？雖然這點我們在第1堂課的開頭已經說過，但在這裡也再次重新複習。

舉個簡單易懂的例子（圖21）。假設你是個銷售員，如果不賣掉1台售價200萬元的車，這個月的業績就無法達標。此時，有位顧客看起來很有意願下訂，但200萬元不是筆小錢，所以始終無法下定決心購買。於是你拜託他：「這位客人，您3年後再付款也沒關係，拜託現在就買下來吧。」聽完你的話，那位客人點點頭：「好吧，既然3年後再付錢也可以，那我就買了吧。」於是你們順利簽約。你的業績提高了200萬元，成功達成本月目標。可喜可賀、可喜可賀……嗯？不對呀，這個結果真的值得慶祝嗎？

假設賣出1輛車所需的費用包含製造成本、廣告宣傳費等等在內，一共要150萬元好了。在賣出這輛車的銷貨收入記入帳務的那一

**圖21 利益跟現金**

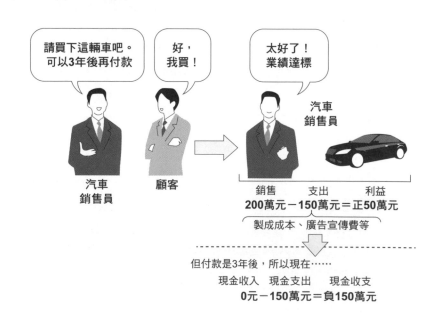

48

刻，跟這筆收入相關的開銷也會一起被算進去，所以帳本上一共會獲得200萬減去150萬，也就是50萬元的利益。

那麼，公司這邊會有多少現金呢？奇怪，居然連1塊錢都沒增加。別說是增加了，可能還已經支出了150萬元的費用。因為客人買車款項的200萬元要到3年後才會支付，所以算起來現在反而少了150萬。照這麼下去，資金周轉很快就會陷入困境。假如這種狀況持續下去，公司就會面臨俗稱「黑字倒閉」的危機。

雖然這個例子稍微極端了點，但若太過偏重帳面利益，實際上真的有可能落入這種陷阱。

## 從會計本位到財務主導

近年，這種重視利益的經營方式，以及導致此種經營方式的會計漸漸面臨到極限。其原因之一，在於**企業價值的泉源正漸漸從機械設備和不動產等有形資產，轉變為知識和資料等無形資產。**

然而在會計的世界，除非1件事物的價值能被精確計算，否則就不會被當成價值。

比如Nike擁有非常巨大的品牌價值，然而這個品牌價值無法被精確計算出來，所以這個價值不會出現在Nike公司的資產負債表上。這便是出現「會計極限說」的背景原因之一。

還有，正如我們在第1堂課說過的，會計除了有各國準則分歧不一的問題之外，還有被企業經營者恣意操作的危險性。

如果提升企業價值是公司經營的至高命題，那麼在思考企業價值的泉源時，一味提高帳面利益是沒有意義的。**比起利益更重要的是現金的流動狀況，也就是現金流。**因此現在財務的影響力正漸漸地超越會計。

此外，以下這點同樣在第1堂課介紹過，那就是財務和會計處理的時間軸不一樣。企業經營者必須秉持提升企業價值的原則，持續在現在和未來之間取得平衡，思考如何為公司掌舵。

若一味追求短期業績，最好的做法是盡可能減少現在的投資，把現金握在手裡；但若從長遠思考，**不投資就不可能創造企業價值**。當然，如果投資過度的話，結果也可能為公司的未來埋下禍根。

　　無論如何，相較於會計著眼於企業的「現在」；財務的視野則縱貫「現在到未來」。在這層意義上，財務的重要性正日漸提高。

## 「危機」的真正意義

　　認識了財務的重要性後，接下來讓我們來介紹幾個財務管理中的重要觀念。下面的內容可能稍微有點難度，但我會盡可能講得淺白、詳盡，請務必確實理解。

　　首先是風險。聽到風險，大部分的人都會聯想到負面的印象。尤其是在商場上聽到「風險」這個詞，人們想到的往往是未來公司經營時可能發生的不測事件。比如出版社因損害名譽而被求償幾百萬，或是剛創刊的雜誌因銷量不佳而停刊等等。

　　然而，財務管理中的風險並不是只有負面意義的名詞。實際上我在美國的商學院求學時，就曾就風險的概念受到了很大的震撼。

　　那是財務管理的相關課程，教授在幻燈片上映出「危機」這2個字，告訴我們「這個東方的詞彙最能表達『Risk』的本質」。換言之，所謂的風險，就是**危險（＝Danger）加上機會（＝Opportunity）**。

　　實際上，財務管理所說的風險，既有危險也有機會。換言之，風險可能有好處也可能有壞處，表達的是不知道會發生什麼，是**對於未來的「不確定性」**。

　　這個定義讓我回想起了以前在日產汽車公司任職，做風險管理時的經驗。

　　某次我跟我的上司一起分析了整個日產汽車公司所面臨的風險，並把它們羅列出來，在時任CEO（執行長）的卡洛斯·戈恩（Carlos Ghosn）面前說明。結果，戈恩先生瞥了一眼我們製作的風險地圖這麼說道：

「這世上本來就不存在沒有風險的公司！就算真的有，也是1家死去的公司。」

身為CEO的戈恩先生是因為擔心公司投入太多力氣在風險管理上，使組織變得官僚化，才說出這樣的發言。實際上，未來發生的事沒有任何1件是確定的。然而公司的經營者每天都必須預想未來的事並做出決策，所以只要公司仍在營運，就必須挑戰風險，否則便不會有任何報酬。

然而，我的上司卻這麼回應戈恩先生：

「風險管理並不是在踩公司的煞車，反而更像ABS（Anti-lock Braking System，防鎖死制動系統）或安全氣囊。」

我的上司想表達的意思是：風險管理的本質是像ABS一樣盡可能避免車禍，或者像安全氣囊一樣在車禍發生時盡可能減少傷害 —— 我認為這真是1個非常中肯且巧妙的比喻。

有了上述的經歷後，我才逐漸明白應該如何面對風險。在面對風險時，**重要的是「不是迴避風險，而是使風險與報酬契合」**（關於報酬的定義我們稍後會進一步說明。這裡請先理解成「投資的衍生物」即可）。

此時不要光只是盯著報酬看，而是去了解為取得這樣的報酬，需要承擔什麼樣的風險，並關注兩者之間的平衡才是重要的。

## 風險的本質＝將來的不確定性

這裡讓我們思考一下風險的本質。

次頁的圖22是某間企業股價從2016年8月到2021年8月的日報酬率變化圖，可以呈現出這支股票每天能帶來多少報酬。觀察此表，可以看出報酬率每天都在變動。圖中報酬率高低起伏的離散程度代表了風險大小。然而，光看日報酬率的變化，並不能得知投資這支股票究竟有多少風險。

次頁的圖23是把日報酬率的分布情形畫成圖後的結果。藉由這個

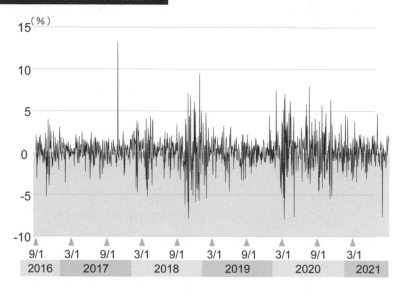

圖 22　某企業股價的日報酬率

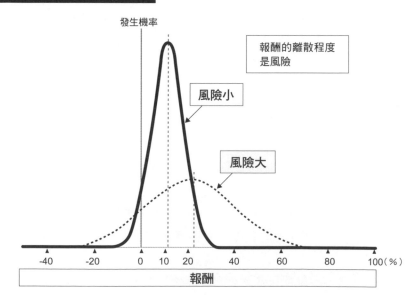

圖 23　風險與報酬的關係

分布形狀的比較，相信大家應該會對風險的大小更有概念。換言之，山形部分的寬度愈窄則風險愈低，相反地寬度愈寬則風險愈高。

有個常見的誤解是「因為股票價格在下跌，所以投資股票的風險很高」。然而，即使股票價格下跌，也不會導致風險增加。因為，假如你知道這支股票會跌，而且能確定是百分之百會下跌，反而有可能利用這點來獲利。

相信大家應該都聽過「**做空**」這個名詞吧。做空指的是預期股價未來會下跌，而提前跟證券公司借股票以高價賣出，等到未來股價下跌變便宜後再買回來還給證券公司的交易方式。從結果來說，因為是高價賣出、低價買進，所以可以賺到其中的差額（次頁的圖24）。

不過，沒有實際操作過的人可能還是會一頭霧水。所以我們再舉個更具體的例子。這裡我們稍微簡化情境，不考慮過程中手續費和利息的問題。

首先，你用每股500元的價格跟證券公司借了1股。接著把這1股的股份拿到市場上以500元賣出，換得500元的現金。同時，你跟證券公司簽了合約，約好將在6個月後把這1股還給證券公司。所以若6個月後股價下跌到300元，你再用300元買入相同公司的股份，然後還給證券公司1股。換言之，你用500元賣掉了股份，再用300元買回來，賺到中間的價差200元的獲利。所以只要確定未來股價一定會下跌，你就能事先準備用「做空」的方式操作。

這麼想便會發現，股價下跌並不等於高風險。真正的風險應該是不知道股價以後到底會不會跌的「不確定性」。而**在財務領域中，金融資產的價格變化愈大，就代表「風險愈高」**。相信經過這段說明，各位應該能理解為什麼前面說**財務領域中的風險，本質是「未來的不確定性」，以及所預期之結果（報酬）的「離散程度」**了吧。

圖 24　股票做空的機制

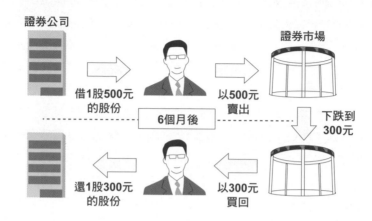

證券公司

證券市場

借1股500元
的股份

以500元
賣出

6個月後

下跌到
300元

還1股300元
的股份

以300元
買回

## 報酬＝收益率＝報酬率

前面我們對報酬這個詞的用法比較隨意，但報酬一詞在財務上是
有嚴格定義的。

所謂的報酬，跟「收益率」是相同的意思（「報酬率」也是）。大家
或許對「收益率」一詞更加熟悉也說不定。

那麼，「收益率」又是什麼呢？答案是表示**投資本金（用來產生利
益的資金）在1年中能帶來多少收入的比率**。

讓我們利用下面的數學問題具體思考這句話吧。

如果你用400元買入Ｘ公司的股份，然後在1年後用600元賣掉。
請問你的收益率有多少？（假設這1年前該公司完全沒有配息）

這是關於股票投資報酬的問題。
此時多數人首先想到的算式應該是：

600元－400元

計算後的結果是200元，這就是賣掉股份後實得的收入。

要計算「收益率」，還必須知道我們一開始投入了多少資本（投入資本）來獲得這筆收入，換句話說就是實際花了多少錢。為了賺到這200元的股票價差，我們當初投入了400元來買到這張股票。所以答案是200除以400等於0.5，換言之報酬是50%。

若寫成數學公式的話，則是下面這樣：

$$\frac{600-400}{400}=50\%$$

財務管理中的報酬，不論是討論哪一種報酬，其根本概念都是**「使用了什麼而得到了什麼」**。實際計算報酬的時候，則是**「用獲得的東西除以為獲得該物而使用的東西」**來計算。

收益率的算式如下方所示：

---

【**收益率的算式**】

$$\frac{收益率}{（報酬）} = \frac{收入（現金）}{投入資本}$$

---

## 期望報酬率＝必要報酬率

接著介紹的是期望報酬率。期望報酬率跟後續要講解的內容有很大的關聯，所以請大家確實理解後再往下看。

期望報酬率可以定義為「預期能得到的報酬率期望值」。但光是這麼說大概很難理解，所以下面讓我們舉例說明吧。

設想你去投資股票，並預測這筆投資的收益率（＝報酬率＝報酬）如下：

有2%機率可獲得本金的60%，6%機率可獲得本金20%，8%機率可獲得本金20%。

此時，你的期望報酬率就等於上述預期報酬率的期望值，也就是把每個報酬率及其發生機率相乘後再相加的結果。

實際的計算過程為：

$$2\% \times 60\% + 6\% \times 20\% + 8\% \times 20\% = 4\%$$

對吧。而這個4%，就代表了身為投資人的你認為「**我都承受了這麼高的風險，所以至少應得到這麼高的報酬**」的期望。期望報酬率有時又叫必要報酬率。但是「必要」比「期望」更容易理解，所以後面我會統一用「**必要報酬率**」這個詞。

## 高風險、高報酬原則

在財務管理中必須知道的重要概念並不多，其中一般人最耳熟能詳的應該是「**高風險、高報酬原則**」。這句話的真實內涵是「**如果某個行為的風險很高，就應該追求較高的回報**」。

這裡請先看看圖25。這張概念圖的橫軸是風險，而縱軸是必要報酬率。

圖中有某區叫做「無風險利率」的部分。當你投資的是國債，也就是投資沒有風險的東西時──且不論各國的國債是否真的無風險（Risk free），**投資人對投資國債所期望的報酬率就叫無風險利率。**

接著再來解說也有出現在圖25中的另一個專有名詞──「風險溢酬（Risk premium）」。

投資某間公司（比如圖25的X公司）的公司債，風險會比投資國債更高一些。而根據「高風險、高報酬原則」，要求的報酬當然也會比

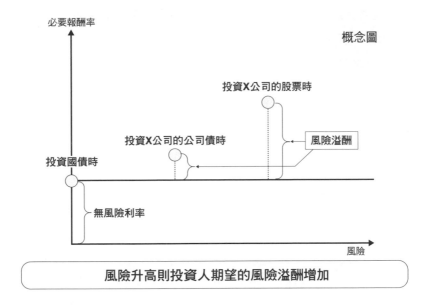

圖 25　無風險利率和風險溢酬

必要報酬率

概念圖

投資X公司的股票時

投資X公司的公司債時

風險溢酬

投資國債時

無風險利率

風險

**風險升高則投資人期望的風險溢酬增加**

投資國債更高一些。

　　如果是投資X公司的股票，那麼風險又會比投資X公司的公司債更高。想當然耳，對於報酬的期望也就更大。

　　而投資X公司的公司債或股票時，**期望報酬率超出無風險利率的部分，便稱為風險溢酬**。換言之，風險溢酬就等於投資有風險的資產時所得報酬，減掉無風險利率所得的，亦即**承受風險所應得的報酬**。

　　以圖25來說，投資X公司的公司債或股票時的必要報酬率，就等於無風險利率加上風險溢酬。

　　然而，明明X公司的公司債和X公司的股票都是來自相同的公司，為什麼風險會有所不同呢？

　　這是因為，公司債的報酬就跟向金融機構借款一樣，**報酬率是按合約事先約定好的**。公司必須在最終期限前把本金和利息一併還給債

權人。

而股票則不一樣，如果公司的業績不好，就有可能發不出股息，或是股價下跌。**完全無法保證能否拿到報酬跟報酬的多寡**。從這一點來看，相信大家就能理解為什麼公司債的風險比股票低了。

根據以上的說明，請大家再看看圖25。相信現在你應該可以看出，公司債跟股票相比，後者更屬於「高風險、高報酬」了吧。

## 債務成本

企業營運時必須要有資金。因此，企業必須透過向銀行借款或發行股份等方式調度資金（參照17頁）。而想當然耳，調度資金的行為也會產生相應的成本。

調度資金會產生哪些成本呢？首先最容易想到的就是得向銀行等債權人支付利息。債權人對企業融資時會要求利息作為報酬，而這個利息對企業而言便是成本。所以**債權人對企業索求的報酬就叫做「債務成本」**。

站在債權人的角度，債務成本是對企業經營者要求的報酬（＝必要報酬率）；但站在經營者的角度，債務成本則表示向銀行借款或發行公司債時，是用幾％的利息才籌到錢的。

比方說若有某間公司想發行公司債，那麼該公司債的配息利率就被視為債務成本。從原本的定義來看，債務成本是指之後借款時的成本。但在實務上為了方便，都直接認定今後也都可以用相同的利息借入，**把過去計息債務的調度成本當成債務成本**。

## 權益資金成本

債權人要求的報酬稱為「債務成本」，**而股東所要求的報酬則叫「權益資金成本」**。

權益資金成本對於企業經營者是成本，但對於股東來說是報酬。畢竟出錢投資某間公司的股份，當然會要求該公司給予相應的報酬。

然而，相對於債務成本擁有清楚明確的數字，非常容易計算；權益資金成本卻比較麻煩，因為不同股東對風險的認識各不相同，要求的報酬自然也不一樣，必須考慮到這點來計算數字。

比如，股東A認為「這間公司的業績穩定，所以報酬低一點也沒關係」；但另一名股東B卻覺得「我認為這間公司未來的業績不穩定。所以必須有較高的風險溢酬才划算」；同時，股東C則認為「我對這間公司的未來抱有很大期許。希望可獲得較高的報酬」（圖26）。

像上述種種不同股東心中的必要報酬率（＝對經營者而言的權益資金成本），在計算時都必須反映出來才行。

權益資金成本有幾種不同的算法，但目前最多人使用的是CAPM理論（Capital asset pricing model，資本資產定價模式）。主要理由是因為它的計算邏輯非常簡單。

**圖26　每個股東對風險的認定不一**

我只要
低報酬
就滿足了

這公司的業績不穩，
得有足夠的
風險溢酬才行

我很看好
這間公司的未來。
而期望較高的報酬

股東A　　　　　　　股東B　　　　　　　股東C

考量每個人對風險認定的差異
來決定必要報酬率

然而，計算方式很簡單，也意謂著它需要滿足很多的前提條件，所以也有很多偏離現實市場的部分（關於這一點，後面會詳細解釋）。

　　順帶一提，CAPM的發明者是美國經濟學家威廉·福塞斯·夏普（William Forsyth Sharpe），他因為這項成就而在1990年時拿到諾貝爾經濟學獎。

## 計算權益資金成本

　　首先來說明權益資金成本的算法。

　　權益資金成本可以用無風險利率加上風險溢酬（$\beta$ ×市場風險溢酬）算出。

---

**【權益資金成本的算式】**

權益資金成本＝無風險利率（0.3%）
　　　　　　＋$\beta$×市場風險溢酬（6%）

---

　　還記得無風險利率是什麼嗎？就是投資國債時投資人所期望的報酬率（56頁）。

　　而$\beta$（beta）則用來表示某間公司的股價跟整體股市的連動程度（若公司的股價跟整體股市的價格變化完全一致，則$\beta$值為1）。在日本想知道上市公司股票的$\beta$值是多少，只要上路透社的網站（https://jp.reuters.com/）輸入個別股票的代號就能輕鬆查詢（台灣的情況則是，部分投資平台或是顧問公司會提供查詢$\beta$值的服務）。

　　至於市場風險溢酬，則是表示整體股票市場（市場投資組合）的報酬和無風險利率的差值。所謂的整體股票市場，指的是像日本的TOPIX（＝東證股價指數）或是美國的S&P500等等，通常直接使用這些市場指數的數值計算即可。

舉個例子，假設你投資了1支跟TOPIX連動的指數基金（所謂的指數基金，指的是跟特定股價指數〈Index〉連動的投資信託）。此時，你的必要報酬率應該會高於國債收益率（＝無風險利率）。因為你承擔了比投資國債更高的風險。而這部分多出來的風險所對應的報酬（＝風險溢酬）就是市場風險溢酬。

**投資跟TOPIX連動的指數基金（Index fund），就跟投資整個日本股市是一樣的意思。**因為風險是分散的，所以某種程度上或許比投資個別股票更安全。然而，如果這支指數基金的必要報酬率跟無風險利率一樣高，你應該會難以接受。

我個人實際用CAPM計算權益資金成本時，通常會粗略把無風險利率定為0.3%。當然，這個數字並非百分之百正確。畢竟國債本身也有分成短期、中期、長期等各個種類。一般在計算時會使用10年長期國債的收益率，但就算只用長期國債利率，也會面臨是要用當前的收益率來算，還是用過去的平均收益率來算的問題。因此，最好的回答或許是這個數字「**不存在唯一正確的答案**」。

市場風險溢酬也一樣。同樣是TOPIX，不同時期的報酬也不盡相同。更何況市場風險溢酬是TOPIX報酬率跟無風險利率的差值。因此，使用5年期國債的無風險利率，還是10年期國債的無風險利率，算出來的市場風險溢酬都不一樣。

由此可見，權益資金成本可以有很多種不同的計算方式。但以我來說，**通常是把無風險利率定為0.3%，將市場風險溢酬以日本市場為基準定為6%，然後代入β值**，就能單純地代入算式來計算。總之就是只把CAPM當成計算工具，掌握在整體股市中可以期望該公司能有多少報酬率。

## β 值的思維

這邊稍微補充說明一下β值的部分。首先請見次頁的圖27。

由圖可見，相較於整體市場（＝TOPIX）的價格波動，X股票股價

的變化十分劇烈;相反地,Y股票的價格幾乎跟大盤連動。

若1支股票的價格變化跟整體市場的價格變化完全相同,則 $\beta$ 等於1。而1支股票的價格變化幅度若大於整體市場,我們會認為這支股票的風險較高,此時 $\beta$ 大於1;若價格變化小於整體市場,則代表這支股票的風險較低,$\beta$ 會小於1。

同時,**當 $\beta$ 大於1愈多,權益資金成本也會急遽上升**。比如若某間公司的股票 $\beta$ 值為2,就代表當整體市場的報酬率增加10%時,這支股票的報酬率會增加2倍,也就是20%;相反地,當整體市場的報酬率為負10%時,這支股票的報酬率就是負20%。這便是 $\beta$ 值的基本概念。

一如前面所說,這個數字在日本可以在前述的路透社網站查詢。以日產汽車公司的股票為例,只要輸入日產的股票代號「7201」,便能查到日產公司的 $\beta$ 值為1.47(2022年3月18日時)。

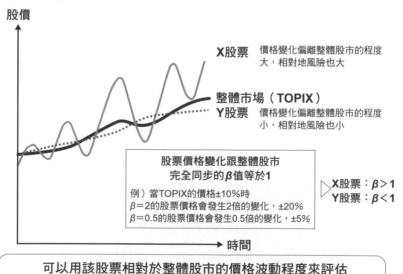

圖 27 風險指標的 $\beta$ 值

股價

X股票　價格變化偏離整體股市的程度大,相對地風險也大

整體市場(TOPIX)

Y股票　價格變化偏離整體股市的程度小,相對地風險也小

股票價格變化跟整體股市
完全同步的 $\beta$ 值等於1

例)當TOPIX的價格±10%時
$\beta=2$ 的股票價格會發生2倍的變化,±20%
$\beta=0.5$ 的股票價格會發生0.5倍的變化,±5%

X股票:$\beta>1$
Y股票:$\beta<1$

時間

可以用該股票相對於整體股市的價格波動程度來評估

## CAPM理論的極限

那麼，讓我們根據這些數字，試算一下2022年3月18日時日產汽車公司的權益資金成本是多少吧。

假設無風險利率為0.3%，$\beta$是1.47，而市場風險溢酬是6%。

0.3%＋1.47×6%＝9.12%

就這樣，我們算出了日產汽車公司的股東對這間公司所期望的報酬率。

由此可見，使用CAPM可以簡單算出權益資金成本，實際上很多金融機構也使用這個理論來計算權益資金成本。

但前面也有提到，不可否認地，CAPM理論也有一些偏離真實市場的部分。有人質疑，$\beta$值這個單一因子（Single factor）是否真能完全代表企業的風險，確實也有研究發現「股票的報酬率可以用$\beta$值以外的變數來解釋」。美國的國際級投資大師和慈善家華倫・巴菲特便在《巴菲特寫給股東的信》（繁體中文版由時報出版）中這麼說過：

「在企業的擁有者，也就是企業的股東們眼中，學者們對風險的理解不僅不符合現實，而且還很愚蠢。」

在美國，有句諺語常被拿來揶揄剛從商學院畢業的人——「第一次拿到錘子小孩什麼都想敲看看」。意思是，初出茅廬的學者總喜歡把財務理論套用到世間萬物上。而CAPM理論也是如此，它絕對不是萬能的，如同前述CAPM也存在侷限性，在使用時請務必牢記這點。

## 資本成本

前面我們看過了「債務成本」和「權益資金成本」，這2種由企業支付給債權人或股東的成本，合起來會稱為「**資本成本**」。而**資本成本可說是財務管理中最為重要的概念之一。**

為了解這個概念，首先請你把自己想像成 1 位投資者，然後跟著我下面的敘述設身處地思考看看。

　　設想你用銀行融資或公司債的形式投資了某間企業。站在企業的角度，銀行借款和公司債都屬於計息債務（Debt）。

　　而你為這間企業提供資金，自然也會要求回報，銀行融資的回報是利息，公司債的話則是息票。沒買過公司債的人可能不知道什麼息票，就是指企業發行債券時，面額（＝本金）以外的利息部分會以息票（Coupon）的形式發放。

　　比如，假設有某個 5 年期滿的公司債每年支付 2 次利息，則一共會發行 10 張息票。在以前，債權人領到息票後，會拿息票到證券公司換成現金。投資人中的公司債債權人（持有公司債的人）之所以為企業提供資金，通常就是為了領取息票。

　　那麼，假如你不是債權人而是股東的話，又會以何種形式要求回報呢？

　　此時你能領到的回報有 2 種，第一種是配息。股票配息的英文為Income gain。而另一種是 Capital gain，也就是所謂股價上漲的資本利得。

　　然而，個人投資者（＝股東）通常不太在意配息。相信大多數人都是希望自己買的股票能升值，獲得更多的資本利得才投資股票的。

　　另一方面，企業方＝企業經營者在意的，往往是配息的部分。如果業績成長了配息卻沒有增加，股東會不會生氣？企業通常會認真考慮這些問題。結果，**透過使股價上升來回報股東**的觀點便遭到忽略。

　　讓我們稍微整理一下前面的內容吧。

　　站在投資人的角度，投資人出錢承擔了風險，所以會要求相應的報酬。而投資計息債務的話，會要求用息票支付利息；如果是投資股票的話，則會要求提供配息或資本利得。

## 資本成本是債權人和股東的機會成本

然而，上述**投資人要求的報酬，對於企業經營者（企業）來說都屬於成本**。那麼，對於經營者而言，債務成本和權益資金成本，哪種成本比較高呢？

直接說結論，答案是**權益資金成本比較高**。這是為什麼呢？

要解釋背後的原因的話，我們可以換個角度來思考這個問題：對股東和債權人而言，你覺得何者承受的風險比較高？

答案是股東。一如前面所言，債權人的報酬是用合約白紙黑字約定好的，但股東的報酬卻沒有任何保證。所以會導致這樣的狀況：「股東們會認為自己既然承擔了較高的風險，因此也期望更高的報酬」，這便是高風險、高報酬原則。因此，**對經營者來說，權益資金成本的負擔比債務成本更大**。

然而企業的經營者卻往往比較看重債務成本。這是因為，**債務成本會以支付利息的形式呈現在損益表的業外支出項目上**。另外，股息也跟利息一樣很容易理解。因為兩者都會讓現金從公司流出。

然而，**權益資金成本中股東對股價上升的要求，卻不會以任何形式反映在損益表上**。也因此很容易被當作完全不存在一般。

到這裡一定有人會問：

「我明白股東要求的報酬包含配息和資本利得（股價升值利益）。站在企業的角度，我能理解為什麼配息是成本，但資本利得會構成什麼樣的成本呢？」

其實，雖然稱為成本，但資本成本並不是像貸款利息或股票配息一樣是企業實際支付出去的錢。**資本成本是「資金的機會成本」**。取得某樣東西，必然會喪失另一些東西。而這個**「失去的東西」就是機會成本**（關於機會成本，我們會在140頁詳細講解）。包含你現在花時間閱讀這本書，也會產生機會成本。因為你原本可以把讀書的時間，拿去做其他事情來得到好處。

不過，資本成本並不是企業的機會成本，而**是提供資金的債權人**

和股東（投資人）的機會成本。無論對債權人還是股東，對某間企業融資或投資，就代表失去了對其他企業融資或投資可獲得的報酬。所以，投資人會想要拿回這部分的損失。

因此，企業經營者必須考慮投資人會索求相應的機會成本。這樣大家明白了嗎？

## 為何歐美沒有經常利益的概念

請回想一下「高風險、高報酬原則」。雖然有點囉嗦，不過這裡要再考考大家：請問債權人和股東，誰承擔的風險比較高？沒錯，答案是股東，對吧。也就是說，股東認定這間公司的風險愈高，要求的報酬自然也愈高；反過來說，站在企業的角度，要付出的成本也就愈高。如此一來，權益資金成本自然會高於債務成本。但很多人沒有意識到這件事，因為它不會反映在損益表上。

這時再回頭思考第1堂課時提到歐美國家沒有「經常利益」這個概念的原因，就會發現答案很簡單，因為經常利益只能反映出債務成本，根本沒有意義──至少我是這麼認為的。

在日本以前每間公司都有1家主要銀行，那是資金調度大部分都來自銀行融資的時代，大概不太需要去留意權益資金成本。至少，只要扣掉支付利息（債務成本）後的經常利益數字漂亮，就可以毫無困難地得到銀行融資。或許正是因為這樣，過去日本企業界才普遍重視經常利益。

然而一如前述，成本不只有債務成本，還有權益資金成本。所以在調度資金時，必須2種成本都仔細評估，思考要選用何種調度方式。

簡單總結上述的內容：**對經營者而言的成本（資本成本），其實就是投資人（債權人跟股東）眼中的必要報酬率**（圖28）。換句話說，這不過是用2種角度去看相同的東西罷了。

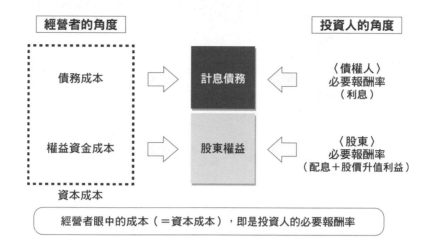

圖28　經營者的成本和投資人的必要報酬率

**經營者的角度**　　　　　　　　　　　　　**投資人的角度**

債務成本　⇨　計息債務　⇦　〈債權人〉
　　　　　　　　　　　　　　　　必要報酬率
　　　　　　　　　　　　　　　　（利息）

權益資金成本　⇨　股東權益　⇦　〈股東〉
　　　　　　　　　　　　　　　　必要報酬率
　　　　　　　　　　　　　　　　（配息＋股價升值利益）

資本成本

經營者眼中的成本（＝資本成本），即是投資人的必要報酬率

## 資本成本＝WACC（加權平均資金成本）？

資本成本可用債務成本和權益資金成本加權平均求出。因此資本成本又叫加權平均資金成本，通常用英語簡稱為 **WACC**（Weighted average cost of capitol）。所謂的加權平均，就是對多個因子賦予不同的權重來計算平均值。

次頁的圖29是以某間公司為例，它們的資金調度來源比例（權重）為計息債務40%、股票市場價值60%。這間公司的WACC等於計息債務乘上債務成本（2%），以及股票市值乘上權益資金成本（10%），先個別權重再將2值相加，等於6.8%（公式在次頁）。

圖中債務成本的前面特別強調了「稅後」。是這因為**計息債務所支付的利息可被視為支出，具有節稅的效果**。換言之，計算WACC時所用的債務成本，實際上可能會比原有的利息還要低（關於計息債務的節稅效果，我們會在72頁說明）。

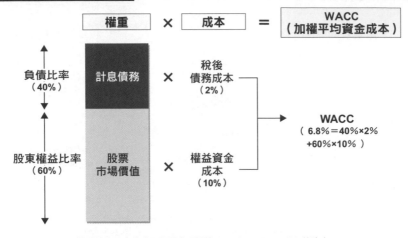

図 29　計算 WACC

| 權重 | × | 成本 | = | WACC（加權平均資金成本） |

負債比率（40%）　計息債務　×　稅後債務成本（2%）

股東權益比率（60%）　股票市場價值　×　權益資金成本（10%）

WACC（6.8%＝40%×2%＋60%×10%）

• 權重就是計息債務和股票市場價值（＝股價×已發行股數）的比率
• 債務成本（＝支付利息）考量到節稅效果而用稅後來計算

## WACC的計算方式

　　WACC（加權平均資金成本）的本質，可以理解成**企業為回應資金提供者（投資人）的要求而運用資產，應產生的最低報酬率**。

　　WACC的基本計算方式，是依兩者當下的市值，用計息債務D（D是Debt＝計息債務的縮寫）和股東權益E（E是Equity＝股東權益的縮寫）乘上各自的總值占比來算出成本（公式如下）。

$$WACC = \frac{D}{D+E} \times (1 - Tc) \times 債務成本$$
$$+ \frac{E}{D+E} \times 權益資金成本$$

D：計息債務　E：股東權益　Tc：實際稅率

在公式中有個（1−Tc），一如前述，計息債務所支付的利息在會計上可視為虧損，會從要課稅的所得中扣除，所以這裡是用課完稅後的值來計算。（在日本的實際稅率Tc，就是包含營業所得稅、住民稅、事業稅等的法人實質上要負擔的稅率；台灣主要是依照營利事業所得稅的稅率。）

那麼，接下來讓我們實際算算看WACC吧。會帶著大家一邊試著計算下面的問題，一邊思考。

假設你開了1間公司，且這間公司已發行了2000股的股份。目前的股價是2500元。同時，你用5%的利率向金融機構借了150萬元。若實際稅率為30%，並且股東要求20%的年利率作為報酬，請問此時你的WACC是多少？

5%利率的借款，代表債務成本是5%。股東要求20%的報酬，代表權益資金成本是20%。而計息債務則如字面上是150萬元。

原本計息債務也必須基於市值來算才對，但實務上都習慣用帳面價值（＝資產負債表上的購買成本）來計算。這是因為用市值來算實在太麻煩了。

比如企業有時用歐元或美元等外幣來借款，在計算時得換算回本國幣值，此時就得考慮要用哪個時間點的匯率來換算等，會有很多麻煩的問題。所以通常在實務上習慣直接用帳面價值計算。所以，我們這裡就直接把150萬元代入公式。

另一方面，用於計算權益資金成本的股東權益，則可以使用市值來計算。也就是已發行股數乘上現在的股價：

2500元 × 2000股

即500萬元。
至此需要用到的數字皆已到齊，可以計算WACC了。

$$WACC = \frac{150}{150+500} \times 5\% \times (1-30\%) + \frac{500}{150+500} \times 20\% = 約16.2\%$$

①          ②          （單位：萬元）

首先，將計息債務的150萬元加上股東權益500萬元，得到650萬元，然後再計算150萬元的計息債務占這650萬元的比例。接著將這個占比乘上利息的5%。由於計息債務有節稅效果，故負債的實質利息是5%乘上（1−30%）（①＝約0.8%）。

接著，因為計息債務和股東權益合計的650萬元中有500萬元屬於股東權益，故先計算其占比，再乘上權益資金成本的20%（②＝約15.4%）。

算完之後，將上面的①和②相加，即可算出這家公司的WACC大約是16.2%。

## 不知道WACC的經營者

前面我們說WACC代表了「企業為回應資金提供者（投資人）的要求而運用資產，應產生的最低報酬率」。換個角度，這個數字也可以理解成企業調度資金的成本（圖30）。

換言之，**這個數字代表這間公司用了多少成本從投資人那裡調度資金**。用剛剛計算過的例子來說，亦即這間公司用了大約16.2%的成本來調度資金。

然而，大多數的經營者都只看到向銀行等債權人借錢時的調度成本（＝債務成本），認為「我們是用5%的利息調度資金的」。

但是，從包含權益資金成本的WACC理論來看，投資人（股東和債權人）要求的報酬（＝必要報酬率）約為16.2%。這個數字，代表了**經營者必須為投資人提供超出這個數值的報酬**。

那如果做不到的話，會有什麼後果呢？此時，一旦投資人發現有

圖 30　WACC 的概念

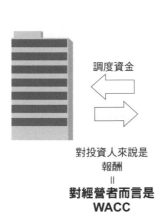
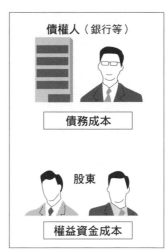

調度資金

對投資人來說是
報酬
＝
**對經營者而言是
WACC**

債權人（銀行等）

**債務成本**

股東

**權益資金成本**

別的投資機會，2家公司都有著相同的風險和報酬，那麼就很有可能會賣掉手上的股票。結果，就會導致股價下跌。

　　債務成本的5%是既有借款的支付利息。這裡再次重複提醒，財務管理處理的時間軸是「從現在到未來」，所以就算是債務成本，照理說也不應只處理過去的數字，必須考慮到未來的數字。

　　然而，假設你身為投資人，聽到有個經營者在你面前自信滿滿地吹噓「我們公司的營收和獲利雙增」。於是你可以壞心地故意問他「那您估計貴公司的WACC有多少呢？」此時若對方反問你「哎？WACC是什麼？」你心裡就要有所警覺了。因為這樣的經營者很可能只用會計上利益的增減在思考公司「有沒有賺錢」這件事。這種人只關注資金運用，而完全沒在關心資金調度的部分，是1位不合格的經營者。因此，這家公司的未來也難以令人放心。

## 計息債務的節稅效果

本節將按照前面預告過的，詳細說明計息債務的節稅效果。

即使帳面上的借款利息是5%，但因為支付利息可以在會計上當成支出，所以這5%的利息可以減免稅金（營業所得稅）。

因此，課完稅後的實際利息會低於5%。這就是計息債務的節稅效果……，但光是這麼說應該很難理解吧。

讓我們舉個具體的例子來說明吧（圖31）。

這裡我們假設有2間除了資本結構（計息債務和股東權益的比例）外，其餘內容完全相同的公司：U公司和L公司。2間公司的營業淨利都是500萬元。

U公司沒有任何計息債務，而L公司有年利率10%的1000萬借款。假設公司的業績不受資本結構影響，實際稅率是30%。此時2間公司的損益表如圖31所示。

### 圖31　計息債務的節稅效果

單位：萬元

| | U公司（無負債） | L公司（有負債） |
|---|---|---|
| 營業淨利 | 500 | 500 |
| 支付利息（10%） | 0 | △100 |
| 稅前淨利 | 500 | 400 |
| 營業所得稅（30%） | △150 | △120 |
| 稅後淨利 | 350 | 280 |
| 投資人收取的現金流 | 350 | 380 |
| 股東 | 350 | 280 |
| 債權人 | 0 | 100 |

L公司的計息債務1000萬元

算入節稅效果後的利率＝債務成本×（1－營業所得稅率）
＝10%×（1－30%）＝7%

這張表的重點，請放在 U 公司和 L 公司的投資人（股東和債權人）所收取到的現金流差異（嚴格來說，稅後淨利和現金流是不同的東西，但這裡假設是相同的）。神奇的事情出現了，背有計息債務的 L 公司竟然多了 30 萬元。這 30 萬元究竟是從何而來的呢？

這筆錢當然不是憑空生出來的。沒錯，這來自 L 公司從營業所得稅那邊省下來的 30 萬。從這層意義上來說，計息債務的存在會改變利害關係人（這裡是指投資人和政府）之間的利益分配。換句話說，這 30 萬就是 2 間公司支付的營業所得稅差額，是因為 L 公司的支付利息 100 萬，可以從營業所得稅的應課稅額中扣除。

整理一下本節的內容。

因為支付利息的利率是 10%，所以原本 L 公司的稅後淨利應該要減去 100 萬（＝1000 萬 × 10%）。但是，因為 L 公司少繳了 30 萬的稅金，所以稅後淨利只減了 70 萬。因此，實際上 L 公司負擔的債務成本不是 10%，而是：

10% ×（1－30%）

也就是 7%。

計息債務的這種節稅效果被稱為「稅盾（Tax shield）」。這便是為什麼前面 WACC 的算式中有一個（1－Tc）的由來。

## 如何減少 WACC

回到 WACC 的話題。

前面用來舉例的公司 WACC 約為 16.2%，這在現實中其實是非常高的數字。那麼，WACC 到底怎樣是「高」、怎樣算「低」，WACC 的高和低又分別意謂著什麼呢？

其中的邏輯同樣適用於財務管理的「高風險、高報酬原則」。換言之，當企業的 WACC 很高，代表投資人普遍認為這間公司的風險很

高，換句話說，**投資人要求很高的報酬（＝必要報酬率高）**。

相反地，企業的WACC很低，就代表投資人認為這家公司的風險很低，換句話說，**投資人並不要求太高的報酬（＝必要報酬率低）**。

對於後者的情況，我們可以用豐田汽車公司的案例來思考。

目前，豐田汽車公司在投資人心中的風險應該不高。換言之，投資人的必要報酬率低，因此經營者的WACC也較低（＝調度成本低）。

那WACC是高一點好，還是低一點好呢？基本上是愈低愈好。

實際上，**投資人關係（Investor relations，縮寫為IR，以投資人為對象的公關）一職的主要任務就是「降低WACC」**。IR的職責絕對不是透過廣告宣傳告訴其他人「我們公司開發了這樣的產品喔」。

那麼，該怎麼做才能降低WACC呢 —— 答案是**降低投資人的風險認定**。至於該怎麼做才能達到這點？那就是**在適當的時機揭露（Disclose）適當的企業資訊**。

比方說，如果某家公司毫無預兆地宣布「業績惡化了」，投資人對這間公司的風險認定就會急速升高。如此一來，由於面臨高風險自然就會要求高報酬，這家公司的WACC便會上升。

WACC上升，對企業而言就代表調度資金的成本上升，這並不是件好事。換句話說，這會損害股東價值（＝股東分到的份，參照116頁），理所當然地會導致股價下跌。

所以，降低WACC對企業而言應當是相當重要的目標。但現實是，多數企業經營者都只關注資金的運用，也就是收益率的部分，往往忽略了調度的部分。

這種行為就有如在體育競賽中只重視攻擊，而輕視防守。該怎麼做才能在足球比賽中獲勝？沒錯，理所當然的是要進球才會得分。

可是，這個回答並不完整。完整的答案應該是使我方的得分超過對手。如何在提高我方分數的同時，又不使對方拿到分數 —— 必須在防守上也要運用智慧。

那麼對企業而言的防守是什麼呢？答案就是**盡可能降低WACC**。唯有做到這點，企業價值才會提升。

## 快速回顧 1

在此我們快速複習一下債務成本、權益資金成本與WACC（加權平均資金成本）。

財務管理的原則是「**高風險、高報酬**」。那麼股東和債權人，誰承受的風險比較高呢？是股東。也就是說，想當然耳，**股東要求的報酬（報酬率）會更高**；所以，反過來站在經營者的角度思考，相較於債務成本，**當然是權益資金成本更高**。

而WACC（加權平均資金成本）則是對這2種成本的加權平均值。而且我們還介紹過，**債務成本可以在損益表上計入利息支出，具有節稅效果，所以要用扣完稅的數值來計算**。

**債務成本會直接以支付利息的形式表現在損益表上；相反地，權益資金成本不會反映在財務報表的任何地方**。因此，我們介紹了1種計算權益資金成本的方法，也就是CAPM理論。

CAPM理論簡單來說，就是**把股東要求的報酬率，定義為投資國債的無風險利率加上風險溢酬**。既然承受了更多的風險，就會要求比國債收益率更高的報酬率，這對投資人來說是天經地義的事情。

至於風險溢酬的計算方法，則是**用衡量每支股票固有風險的指標「β值」，乘以市場風險溢酬**。市場風險溢酬，即是TOPIX等整體股票市場的報酬，減去無風險利率的差值。在實務上有很多種計算方法，但我個人習慣把無風險利率設定為0.3%，將市場風險溢酬定為6%，然後套用公式計算權益資金成本。

我們說過WACC的本質是調度成本，但並不會有實際的現金流出，而是對投資人而言的機會成本（參照65頁），這點請務必記住。

接著也複習一下投資股票時的計算報酬率的方法吧。這邊讓我們用練習題來複習。

假設，你用400元買了1張X公司的股票，然後1年後用600元的價格賣出。請問你這1年的報酬（＝報酬率＝投資收益率）是多少？（假設這1年X公司沒有任何配息）

在55頁，我們介紹過計算股票報酬的方法，是以收入為分子，以獲得這筆收入所用的資本，亦即投入資本為分母來計算。換言之，**收入除以投入資本即是報酬**。將上面的問題套入算式計算，就是用收入的200元除以投入資本400元，得到答案是50%。為防止大家忘記，這邊也列出了算式。

$$\frac{600-400}{400}=50\%$$

## 稅後營業淨利才是企業的實際收入

接著要介紹的是如何評估企業的資金運用成果，也就是營業的報酬。要計算這點，必須先確定哪些東西是企業的收入和投入資本。

首先是收入的部分，簡單來說**企業的收入是稅後營業淨利**。我們在第1堂課說過這點，營業淨利（＝本業獲得的利益）代表企業的「本業獲利能力」，是財務報表上最受重視的1項利益。

而稅後淨利計算方法如下。

算式中的〈預估營業所得稅＝營業淨利 × 實際稅率〉，意指營業淨利乘上實際稅率（參照69頁）後，約會課徵30%的稅金。而營業淨利扣掉這個「預估營業所得稅」的支出後就是稅後營業淨利，是企業的實際收入，也就是企業計算收益率時的分子。

之所以如此計算，是因為支付給股東的股息和支付給債權人的利息，是從營業淨利扣完稅金後的稅後營業淨利中支付的。正因為如此，投資人（股東和債權人）才會這麼關注稅後營業淨利。

順帶一提，這裡的「預估營業所得稅」，之所以加上「預估」的原因是，實際上在課稅的時候，課徵的對象不是營業淨利而是應課稅所得。在這裡是把營業淨利當成直接課稅的對象，用來「預估」計算營業所得稅。

## 應付帳款或票據不計入投入資本的理由

接著再來談到企業的投入資本（次頁的圖32）。

企業的投入資本，指的是**企業為取得稅後營業淨利所投入的資本**。其計算方式分為來自資金運用和來自資金調度2種，其中後者比較容易理解。

後者的思考方式，是將計息債務和股東權益（淨資產）的總合定義為投入資本。換言之，後者認為企業投入了用計息債務或股東權益調度到的資金，以獲得稅後營業淨利這筆收入。

圖 32　企業的投入資本

資金運用　　　　　資金調度

營運資金*

計息債務
（Debt）

投入資產

非流動資產、
投資及其他

股東權益
（Equity）

投入資本

| 資金運用 | 投入資產＝營運資金＋非流動資產、投資及其他 |
| 資金調度 | 投入資本＝計息債務＋股東權益 |

營運資金*：流動資產－流動負債（除短期借款外）

　　在看完我先前講解的內容後，相信這裡有人會質疑「為什麼無息債務（應付帳款和應付票據）沒有被算入投入資本呢？」這個問題問得非常好。因此下面我將解釋為什麼不把這部分計入投入資本，不過箇中緣由稍微有點複雜，所以有興趣再閱讀即可。

　　假設某間公司用「賒購」的方式採購了原料。所謂的「賒購」，就好比是買飲料時「賒帳」。像是「賒購零件」就是「先讓供應商把零件送來，過一陣子之後再付錢」的意思。

　　如此一來，**在實際把採購款支付給供應商前，這筆帳會以應付帳款或應付票據的形式記錄在資產負債表的右側（資金調度）**。但站在企業的角度，這筆欠款真的是「沒有利息」的嗎？

　　要回答這問題，你可以想像自己是零件製造商的經營者，汽車製造商是生意的往來對象（圖33）。請問如果汽車製造商告訴你「請允許

圖33　把無息債務從投入資本中排除的原因

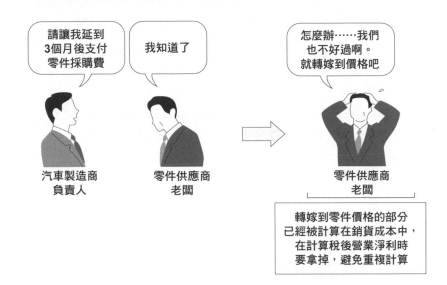

請讓我延到3個月後支付零件採購費

我知道了

怎麼辦……我們也不好過啊。就轉嫁到價格吧

汽車製造商負責人

零件供應商老闆

零件供應商老闆

轉嫁到零件價格的部分已經被計算在銷貨成本中，在計算稅後營業淨利時要拿掉，避免重複計算

我把付款期限從3個月延長到6個月」，你會做何感想？延長付款期限，你的公司就得更晚拿到錢，營運的負擔也會隨之變大，因為你得想辦法多籌措出3個月的營運資金出來。要調度多出來的營運資本，你說不定得去借錢。而借錢的話就得支付利息（債務成本）。

　　按照常理，你是不是會想要把這筆利息轉嫁到零件的價格上呢？

　　由此可見，實際上「賒帳」並非真的就是「無利息」。要供應商以「無息」債務的方式提供資金，債權人（也就是上面的你）一定會要求某種形式的「回報」。而這個回報不見得會是支付利息的形式，也可能反映在零件原價上（把這筆利息轉嫁到零件價格上的人，就是身為債權人的你）。

　　不難看出，在計算相當於企業收入的「稅後營業淨利」的過程中，銷貨成本（正確來說是被轉嫁成銷貨成本），很可能已經包含屬於債權人的現金流了（＝要求的回報）。因此，為了確保分子以及分母的一致

性，分母的投入資本就必須扣掉你所提供的無息債務部分。

如果無論如何都想用包含無息債務的總資產當分母，那麼分子就必須改成屬於債權人（包含有息跟無息）和股東的現金流才行。因此，此時分子的稅後營業淨利必須從銷貨成本中去除隱含在其中的「屬於無息債務債權人的現金流（＝提供無息債務的回報）」。這樣一來分子和分母才會一致。

然而，混在零件原價中沒有明確標示的無息債務，是不可能單獨抓出來排除掉的。所以要使分子的稅後營業淨利和分母的投入資本保持一致，唯一的辦法就是事先從投入資本剔除無息債務的部分（至此複雜的部分說明完畢）。

## EVA 利差

稅後營業淨利除以投入資本（計息債務＋股東權益）求得的報酬稱為**投入資本回報率**（ROIC＝Return on invested capital）。透過投入資本回報率，我們可以得知公司為從事營業活動所投入的資本，究竟產生了多少報酬，藉以評估對企業來說的報酬（收益率）。

經營者的使命是什麼？關於這點我們前面已經說過很多了，但簡單用1句話來說，就是**使ROIC超過WACC**來做總結。

**ROIC和WACC的差值，稱為EVA利差（EVA spread）。而設法讓EVA利差為正，並提高這個數字，就是經營者的使命。**

用EVA利差乘上投入資本，可以算出EVA，也就是經濟附加價值（Economic value added，圖34）。

所謂的EVA，是1個用來顯示公司在單一年度增加了多少企業價值的指標。若EVA利差為負，不論投入多少資本都沒有意義。不如說**此時投入的資本愈多，企業價值就折損愈多**。然而，這裡再再再次強調，很多企業經營者都太在意營業淨利率和經常利益率的數字。常常為了「有獲利、沒獲利」而忐忑不安。

為了增加20％獲利而投入2倍的資本是沒有意義的。就算獲利的

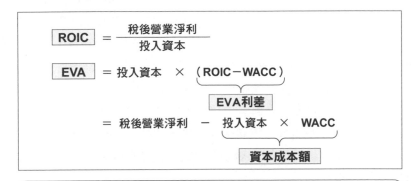

**圖 34　ROIC 和 EVA**

$$ROIC = \frac{稅後營業淨利}{投入資本}$$

$$EVA = 投入資本 \times \underbrace{(ROIC - WACC)}_{EVA利差}$$

$$= 稅後營業淨利 - \underbrace{投入資本 \times WACC}_{資本成本額}$$

EVA是顯示企業單一年度增加了多少企業價值的指標

絕對值上升了，如果不討論公司投入了多少資本才增加這麼多獲利，就無法得知真正的報酬，也無法確定報酬究竟有沒有超過WACC。

## 如何取得投資人信任

關於如何取得投資人信任，之前曾說過企業IR的主要任務是「降低WACC」。而降低WACC，其實跟取得投資人信任是同一回事。

企業的目的是提高企業價值。為此除了ROIC外，設法擴大ROIC和WACC的差值（＝EVA利差）也很重要。換言之，企業不能只顧著提高資金運用收益率的ROIC，也必須設法降低資金調度成本的WACC。

然而，大多數企業似乎都只看到提高ROIC，沒有努力降低WACC。**身為企業經營者，是不是應該更多加關注如何降低WACC**才對呢。

為了降低WACC，降低投資人的風險認定很重要。投資人的風險認定降低了，要求的報酬（＝必要報酬率）就會減少，於是企業的

WACC也會跟著下降。所以，經營者一定要同時關注ROIC和WACC。

企業經營者常傾向用戲劇性的演出來展現公司提升的業績。或許是因為想用這種方式來讓股價飆漲，但**站在投資人的角度，任何「驚喜」都只代表投資方和企業方的溝通不良**。並非「只要結果好就好」。

「如果這家公司會刻意隱瞞業績的成長，到公布財務報表時才突然發表，是不是也會刻意隱瞞壞消息不說？」── 驚喜的行為可能會讓投資人產生這種疑慮，提高風險認定。這件事非常重要，因為要降低投資人的風險認定，繼而**降低WACC，到頭來唯一的方法就只有取得投資人的信任**。

# 第 3 堂

## 這就是
## 「金錢的時間價值」

## 金錢價值會因時間點而異

在第2堂課，我們主要介紹了對企業而言的風險和報酬，講解了在財務管理中，「風險就是離散程度」；又站在投資人和企業的角度，分析了兩者分別存在哪些風險和報酬，並從中帶出了WACC的概念。

而在這堂課，我們要延續前面學到的知識，來看看「**金錢的時間價值**」。

所謂「金錢的時間價值」，簡單來說就是「**比起明天才能拿到的金錢，現在就能擁有的金錢更具價值**」。理解這個概念對企業價值的最大化來說非常重要。

在評估自家公司的股價或不動產的價值，或是評估收購對象的企業價值等時，企業活動中常常需要比較現在和未來的金錢價值。為了將來能應對這些情況，請在本堂課確實了解「金錢的時間價值」概念。

## 複利的概念

「金錢的時間價值」包含「**終值**」和「**現值**」2個概念。而這兩者又跟複利的概念有很深的關聯。

利息的計算方法有**單利和複利**。假如以5%的年利率投資100萬元，讓我們看看分別用單利計算和用複利計算時，在5年的時間中每年各能收到多少利息吧。

首先來計算單利的情況。假如用100萬投資1年的時間，單利的利息是：

100×（1+5%）

算出來的利息是5萬元。如果你看不懂為什麼要使用100萬元乘以（1+5%）的話，可以把算式拆解成下面這樣：

100萬元×（1+5%）＝100萬元×1+100萬元×5%＝105萬元

這樣想的話，應該就能看出（1＋5％）的「1」代表本金了吧。如果去掉「1」的話，算出來的答案就是只計利息部分的5萬元。

算出本金加利息是105萬元後，接著要減去利息部分的5萬元，第二年繼續用100萬元投資。而第二年的利息也會是5萬元。然後，再一次拿掉利息的5萬元……重複5遍，最後5年的投資可創造共25萬元的利息。

但複利就不一樣了。複利的計算不需要扣除利息，而是連本帶利繼續投入下一年。換言之，由於第一年的利息部分不用扣除，所以第二年是用105萬元來計算5％的利息（5.25萬元），合計變成110.25萬元。然後這筆錢又繼續放到下一年計息，重複5年後的餘額大約有127.63萬元。

寫成算式的話如下：

100萬元×（1＋5％）＝105萬元……1年後的帳戶餘額
105萬元×（1＋5％）＝110.25萬元……2年後的帳戶餘額
110.25萬元×（1＋5％）＝115.76萬元……3年後的帳戶餘額
115.76萬元×（1＋5％）＝121.55萬元……4年後的帳戶餘額
121.55萬元×（1＋5％）＝127.63萬元……5年後的帳戶餘額

如果每年都抽掉利息，5年後帳戶餘額就是125萬元；另一方面，如果保留利息到下一年繼續計息，那麼利息的部分也會產生利息，所以5年後帳戶餘額約為127.63萬元。

由此可見，**複利的特徵就是「利息生利息」**。而複利的效果可以比單利計算時多增加約2.63萬元的利益。

**而在財務上所說的利息，全部都是指複利。**首先請記住這點。

## 計算終值

接著介紹「終值」（Future Value，縮寫為FV）。

**所謂的終值，指的就是將金錢用複利的方式運用過後，在未來會變成多少錢**的意思。換言之，就是現在的某筆錢，在未來某個時間點的價值。

那麼，在這邊出個問題。

如果拿100萬元用10%的利率以複利投資3年，請問這100萬的終值是多少？

這問題的計算順序如下：

100萬元×（1＋10%）＝110萬元……1年後的終值
110萬元×（1＋10%）＝121萬元……2年後的終值
121萬元×（1＋10%）＝133.1萬元……3年後的終值（圖35）

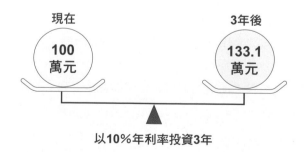

圖35　終值

現在　　　　　　　　3年後

100
萬元　　　　　　　133.1
　　　　　　　　　萬元

以10%年利率投資3年

而把這3行算式整理為1列後，則是下面這樣：

100萬元×（1＋10％）×（1＋10％）×（1＋10％）＝133.1萬元

最初的100萬元要以10％的利率投資3年，所以要乘3次（1＋10％）。（像這種將相同的數值連乘多次的運算叫「冪」。）
若把上述算式再整理得更簡潔點，就是：

100萬元×（1＋10％）$^3$

故終值的算式如下：

---

**【終值的算式】**

終值＝CF×$(1+r)^n$

CF：本金　r：利率　n：年數

---

## 計算現值

接著是「現值」（Present Value ，縮寫為PV）的部分。

如果眼前可用的100萬元跟遙遠將來才能拿到的100萬元，相信各位應該都能直覺理解到兩者價值的差異。就算100年後可以拿到1億元，對於現在的我們來說還是太過遙遠。相較之下，還是馬上就能拿到的100萬元更好！我想絕大多數的人都會這麼覺得。由此可見，**金錢價值對於活在現在的我們來說，會隨著時間往未來推進而變得愈來愈小。**

讓我們用個具體的例子來思考這句話的涵義。

圖 36　現值與終值

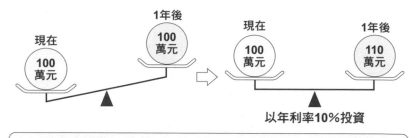

當年利率為10%時，現在的100萬元跟1年後的110萬元等值

　　眼前可用的100萬元，若用10%年利率來投資，1年後會變成110萬元。換個角度來看，今天的100萬元比起1年後相同時刻的100萬元多了10萬的價值。這個差值就是我們在第3堂課開頭所說的「金錢的時間價值」。

　　所以在收取現金時，愈快收到款項就能愈早開始生利息，也就愈加划算；另一方面，支付現金時，則是盡可能晚一點支付比較有利。因為延遲支付的這段時間可以把錢拿去投資，賺取利息。

　　由此可見，金錢存在時間價值，所以要比較不同時間點的金錢時，必須先換算成相同時間點的價值之後才能互相比較。而在未來能拿到的現金換算成現值的利率，可以用「折現（Discount）」的方式來計算。

　　這裡讓我們再次用10%利率的情況，思考100萬元的終值。

　　100萬元1年後的終值，等於現值乘上（1＋10%），即110萬元（圖36）。而反過來要計算「1年後的110萬元」的現值，也只需要把前面的計算過程倒過來即可。換言之，就是用110萬元除以（1＋10%），也就是100萬元。這個計算方式被稱為「**將1年後的現金折現為現值**」。

現值的算式如下：

---

【現值的算式】

$$現值 = \frac{CF}{(1+r)^n}$$

CF：本金　r：折現率　n：年數

---

## 將終值換算成現值的折現

**將終值換算為現值時，所用的利率叫折現率**（Discount rate）。
聽到折現（Discount），一般人可能會聯想到買東西時「折扣10%」的
打折，但折現率的概念跟打折又不太一樣。

舉個例子，100萬元用10%的利率投資1年就是：

100萬元 ×（1＋10%）

算出來是110萬元。
而110萬元用10%的折現率去折算則是：

$$\frac{110萬元}{1+10\%}$$

會變回100萬元。
畢竟折現的計算方式就是反過來算「現值換算成終值的過程」，所
以會有這個結果也是理所當然。
然而在打折特賣的時候，雖然定價100萬元的商品漲價10%後是

110萬元,但再折扣10%後卻是:

110萬元×(1−10%)

結果變成了99萬元,並不會變回100萬元。畢竟兩者的計算方式並非是反過來算的,所以結果不一樣也是再正常不過。

換言之,**「折現10%」的意義跟「折扣10%」的意義並不相同。** 因為很多人會搞混這兩者,所以請務必記住這個差異。

## 折現率跟必要報酬率的關係

我們可以用折現率反求終值的現值,相反地,**將現值換算成終值時所用的利率,則可以用必要(期望)報酬率來表示。** 雖然表現方式不同,但**折現率和必要報酬率的本質是一樣的。** 終值和現值的換算率雖然名稱不一樣,但**折現率和必要報酬率其實像是硬幣的正反兩面。** 這也是很容易讓人混亂的地方,請特別注意。

**終值、現值、折現率、必要報酬率這4個名詞,在財務管理中都是非常重要的概念。** 如果沒有搞懂這4個概念,就無法更理解書中後續的內容。所以,請徹底理解它們的意思。

那麼,讓我們再次複習這4者的關係吧(圖37)。

現值乘上(1+必要報酬率)就等於終值;而終值除以(1+折現率)等於現值。其中,必要報酬率=折現率。不過在折算5年後的某筆錢的現值時,要注意不是除以(1+折現率),而是(1+折現率)$^5$。

掌握現值的概念後,就可以輕鬆計算出市面上各種金融商品的理論價格(參照95頁)。因為**金融商品的理論價格,就等於該商品未來可產生之現金流的現值總合。** 雖然這裡只有輕輕帶過,但這件事其實還是相當重要的。

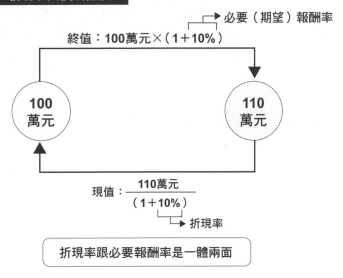

圖 37　折現率和必要報酬率

必要（期望）報酬率

終值：100萬元×（1＋10%）

100
萬元

110
萬元

現值：$\dfrac{110萬元}{（1＋10\%）}$

折現率

折現率跟必要報酬率是一體兩面

## 風險認定跟折現率的關係

我在剛開始學習財務管理的時候，一直搞不懂終值折現成現值時所用的折現率是什麼。這裡再次強調，**折現率跟必要報酬率是一體兩面**，是相同的東西（圖37）。

然而，**投資者對投資對象的風險認定，會影響折現率（必要報酬率）的數字**。這句話可能有點難以理解。

讓我們用具體的例子來思考吧。

想像某天，有個好朋友來找你，對你說「希望你借我100萬，1年後再還你」。請問此時你會用幾%的利息借錢給他？

學生：既然是好朋友，那當然不收利息啦。

石野：這樣題目就做不下去了，請按照要求，狠下心來開個數字。

學生：那就5%好了。

石野：謝謝。那麼，如果那個人不是你的好朋友，只是有過幾面之緣的人呢？先不討論你想不想借給對方，假如一定要借的話，你會用多少利息借給他？

學生：10%。

借錢給好朋友和借錢給不熟之人時的借款利息，也就是必要報酬率會不一樣，相信大家都能理解為什麼吧。

其實，這些正是高風險、高報酬原則藏在背後作祟的結果（參照56頁）。

所謂的風險，就是與「預想結果」的離散性。而在上面的情境之中，我們所考慮的便是「對方依約歸還100萬元」跟「對方沒有歸還100萬元」這2種預期的離散性。

借給好朋友的離散性（風險）很小，但只見過幾面之人的離散性很大。投資離散性大的事物時，我們會相應地要求較高的報酬，這就是高風險、高報酬原則。而我們本來就會依循此原則行動，只是希望今後大家能有自覺地去做這件事。

借錢給好朋友時，1年後的還款額是105萬元，借給不熟的人時是110萬元。雖然是廢話，但不論借給誰，這筆錢的現值都是100萬元。不同的是兩者的折現率分別為5%和10%（圖38）。

那麼，再假設我們希望好朋友和不熟之人都在1年後連本帶利一共歸還100萬元整。

此時，好朋友連本帶利歸還的這100萬元的現值，用折現率5%去換算，就是95萬元；而不熟的人的折現率是10%，現值是91萬元，所以能借給他的金額會比好朋友更少。你看出來了嗎？換言之，因為我們對借錢給不熟之人的風險認定比借給好朋友更高，所以可借出去的錢也就變少了（圖39）。

## 圖 38　對好朋友和對不熟之人的必要報酬率

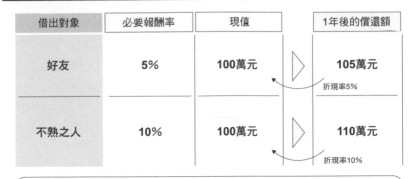

| 借出對象 | 必要報酬率 | 現值 | | 1年後的償還額 |
|---|---|---|---|---|
| 好友 | 5% | 100萬元 | ▷ | 105萬元<br>折現率5% |
| 不熟之人 | 10% | 100萬元 | ▷ | 110萬元<br>折現率10% |

借錢給別人的你，會視風險對不同對象要求不同報酬率

## 圖 39　給好友和不熟之人的借款金額不同

| 借出對象 | 必要報酬率 | 現值 | | 1年後的償還額 |
|---|---|---|---|---|
| 好友 | 5% | 95萬元<br>$=100 \times \dfrac{1}{(1+5\%)}$ | ◁ | 100萬元 |
| 不熟之人 | 10% | 91萬元<br>$=100 \times \dfrac{1}{(1+10\%)}$ | ◁ | 100萬元 |

同樣是1年後還100萬元，安全的100萬元更有價值

　　同樣是1年後的100萬，其現值也會因為借出對象而有所不同。這樣有理解了嗎？

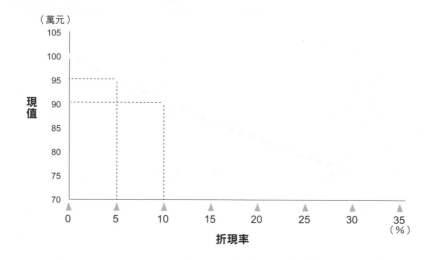

圖 40 「1 年後的 100 萬元」現值

圖40是表現在不同折現率下，1年後的100萬元現值變化。由圖中可見，**折現率愈高時，現值愈小；折現率愈低，現值愈大。**

當風險認定改變時，必要報酬率也會跟著改變。而由於必要報酬率＝折現率，所以風險認定改變，折現率也會變。

這點非常重要，所以再次強調：終值、現值、折現率、必要報酬率在財務管理中是非常非常重要的概念。請務必讀得滾瓜爛熟，確實記在腦袋裡。

## 永久債券的現值

接著談談永久債券。永久債券跟第4堂課要講解的企業價值有很大的關聯，所以這裡請仔細閱讀，確實理解。

所謂的永久債券，指的是沒有到期日，只要發行者還存在就能永遠領到利息的債券。

那麼問題來了：

假設有1張每年支付100萬元利息的永久債券。請問我們需要付出多少錢，才可以買到這張債券呢？

如果現實中真有這種債券就再好不過了，相信一上市馬上就會被搶破頭。不過，這個條件乍看之下，很難判斷出這張債券的價格。有人可能會猜1000萬元；也有人覺得「1000萬太便宜了，應該要5000萬元」；但又有人可能覺得「5000萬太多了」，應該會出現各種不同的意見。

其實，現實中存在某個公式，可以計算這種債券的價格。

先從結論說起，金融商品的理論價格（＝價值）等於其未來可產生的現金流（＝現金收支）之現值總合。不過光這麼說大概會不好理解，所以下面讓我們具體看看細節。

首先從公式開始。

---

**【永久債券的現值公式】**

$$永久債券 = \frac{CF}{r}$$

CF：每年的現金流　　r：折現率

---

假設上面題目中的那張永久債券的必要報酬率（＝折現率）是5%。這意謂著債權人認為考慮到永久債券發行者的風險，可以用5%的利率借錢給他。

此時，我們先用5%的折現率計算1年後產生之現金流100萬元的現值。接著再計算2年後的100萬用2年的時間以5%折現的價值。再接著是3年間的5%折現……。像這樣無限地往後折現。

聽起來好像永遠算不完對吧。然而,我們並不需要真的全部算出來。只需把數字代入前面舉的簡單公式中:

$$\frac{100}{5\%}$$

算出答案是 2000 萬元。

相信有的人會覺得這個價格很貴,也有人會覺得很便宜,不過若想成只要提前支付 20 年份的利息,就能買到每年可領 100 萬元直到天荒地老的債券,或許感覺就會便宜許多了。

不過,我們還需要考慮一下在遙遠將來領到的 100 萬元現值。比如,100 年後的 100 萬元現值,若用 5% 折現率來計算,你覺得大概是多少呢?答案是:

$$\frac{100}{(1+5\%)^{100}}$$

用計算機算一下⋯⋯居然只有 7600 元!換言之,領到這 100 萬元的時間愈遙遠,100 萬元的現值就減少愈多。若換成 200 年後的 100 萬元,那麼現值將只有 58 塊錢⋯⋯。

也就是說,即使可以每年領 100 萬元直到世界末日,遙遠未來的 100 萬元現值也將無限趨近於 0。

## 成長型永久債券的現值

那麼,下面我們再來看看每年利息會以一定倍率成長的永久債券(成長型永久債券)。

在前一節的例子中,我們介紹了每年可以領到定額(100 萬元)現

金流的債券；而這次再來看看這100萬元的現金流每年都會成長3%的
例子。

換言之，這張新的債券在第一年可以領到100萬、第二年可以領
103萬、第三年領106.09萬、第四年領109.27萬……是可創造出愈來
愈多現金流的債券。

此時，假設折現率跟上一張債券一樣是5%，

$$5\% - 3\% = 2\%$$

用首年的利息100萬元除以2%，就可以算出這張新債券的價值。
完整的算式整理如下：

$$\frac{100}{2\%}$$

答案是5000萬元。怎麼樣？算法還是很單純對吧。其公式如下。

---

**【成長型永久債券的現值公式】**

$$成長型永久債券 = \frac{CF}{r-g}$$

CF：第一年的現金流
r：折現率
g：成長率

---

在這裡讓我們快速複習一下金錢的基本原則。原則有二：

第一，**比起明天才能拿到的金錢，現在就能擁有的金錢更具價值。**

比如「現在的100萬元跟未來的100萬元相比，現在的100萬元更有價值」。

第二，**安全的錢，比有風險的錢更有價值。**這是因為投資人對產生現金流的投資標的之風險認定，會反應在折現率上。

根據高風險、高報酬原則，當投資人認為1項投資的風險愈高，自然就會要求更高的報酬率。因此，跟必要報酬率是一體兩面的折現率自然也會提高。結果導致價值降低。

## 第 4 堂

# 這就是
# 「企業價值」

## 事業價值與非事業資產價值

本章將開始講解企業價值。

在討論企業價值時，請務必回想起我們在第2堂課提到的「對誰而言的企業價值」這句話。

快速回顧一下，財務管理中的企業價值，通常是指「**對提供資金的投資人（股東和債權人）而言的價值**」。首先請牢記這一點。

那麼，下面就是新的內容了。如果是上面的「對誰而言？」是討論企業價值的其中1個層面，那麼另一個層面便是「由什麼組成？」。

請看圖41。圖表右半部的箭號範圍是「對誰而言？」的層面，而左半部就是用「由什麼組成？」的層面來說明企業價值。

**圖 41　企業價值的真面目**

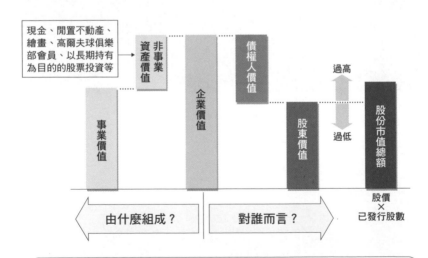

企業價值＝企業事業價值＋非事業資產價值＝債權人價值＋股東價值

觀察左半部，可見企業價值又大致分成「事業價值」和「非事業資產價值」2大部分。

「非事業資產價值」一如其名，就是跟企業經營之事業沒有直接關係的資產價值。比如現金、繪畫、未用於營業的閒置土地，甚至是高爾夫球俱樂部會員等的當前總市值。

至於「事業價值」則是指企業所經營之事業的價值。**將該企業未來可創造的自由現金流折現，成為現值後加總就是事業價值。**至於為什麼要折現成現值，是因為這需要將「金錢的時間價值」納入考慮。這句話乍看之下很複雜，但實際上沒有那麼難懂。

另外，順便簡單說明一下圖41右邊的股份市值總額跟股東價值的關係。如圖所示，**若股票市值總額大於股東價值，代表這間公司的股價「過高」；若股票市值總額低於股東價值，則代表「過低」。**這點可以幫助我們在買股票時，判斷現在的價格到底划不划算。

## 關於自由現金流之二

這世上存在很多種自由現金流的定義。

第一種，是把現金流量表（32頁的圖14）的「營業活動的現金流」和「投資活動的現金流」加總後，當成自由現金流。比如日本的日經新聞就是採用此定義。這個定義主要是用來計算自由現金流的實際價值。

自由現金流究竟是什麼？簡單來說，就是債權人和股東吃到的「麵」。這裡請大家回想一下前面談過的「流水麵理論」（39頁的圖16。次頁的圖42是圖16的詳細化版本）。

公司的銷貨收入是「麵」本身，然後收入會從上往下流，依序被供應商、員工、交易對象、中央和地方政府等以原料費、勞動薪資、稅金等名義「吃掉」。當上游的利害關係人全部都吃過後，最後剩下來的「麵」便全歸下游的債權人和股東所有。

所以從「對誰言而？」的層面來看，企業價值又分為債權人價值和

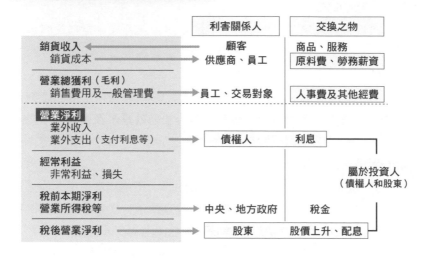

圖 42　從銷貨收入到稅後營業淨利

股東價值。換言之，**要讓位於下游的債權人和股東吃到更多麵，就必須增加對債權人和股東而言的價值。**

　　自由現金流的「自由」，便是指**債權人以及股東可自由使用的現金流**（圖43）。更進一步地說，自由現金流扣除支付給債權人的費用（本金＋利息）後，剩下來的現金流才是股東可以「自由」使用的現金流。

　　到這裡大家可能會產生疑問。

　　但在現實之中，企業並沒有把所有剩下來的全部現金流都回饋給股東吧？

　　就是這樣沒錯。然而，即便企業留下來用於再投資的現金，也不是企業（經營者）可以自由使用的錢。因為這筆錢原本應該是屬於股東的東西。

　　讓我們在此明確定義自由現金流的意義如下：

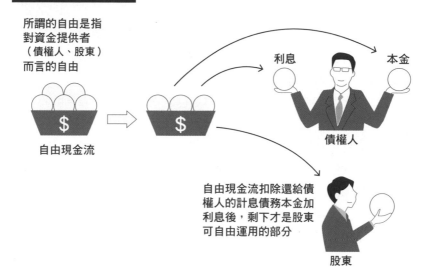

圖43　自由現金流

所謂的自由是指
對資金提供者
（債權人、股東）
而言的自由

$

自由現金流

$

利息

本金

債權人

自由現金流扣除還給債
權人的計息債務本金加
利息後，剩下才是股東
可自由運用的部分

股東

**自由現金流＝營業淨利－預估稅金（營業淨利×稅率）＋折舊攤提費用－設備投資－營運資金的增加額**

　　至於為什麼要用營業淨利去減，是因為自由現金流的本質便是，供應商、員工、交易對象等流水麵最上游的利害關係人吃完後剩下的麵（＝利益）。而前面的這些人吃完後，第二批吃麵（＝稅金）的是中央以及地方政府，因此需要扣掉稅金。其實稅金是未來才要支付的現金，但因為實際推算起來很麻煩，所以在實務上會直接減去預估營業所得稅。

　　稅後營業淨利充其量只是會計上的「利益」，並非財務上的「現金」，所以接下來還必須經過2個步驟的調整，才能換算成實際可用的現金。

## 折舊攤提

　　第一個調整是折舊攤提和設備投資。**所謂的折舊攤提，是指投資設備時，投入金額除以該設備之可用年數（耐用年限）的費用。**

　　企業在投資設備時，在該設備的使用期間，每年都會計算折舊費用，但實際上並不會真的有現金流出。在計算營業淨利時，由於折舊費用已經列為費用扣除，所以要把這部分加回來，並在實際支付現金的時候減去投資金額。如此一來，便可消除帳面獲利跟現金的差距。

　　光看這段說明根本有聽沒有懂對吧。讓我們用具體的折舊攤提例子來看看是怎麼回事吧。

　　假設某間公司花了300萬元買了1台印刷機（圖44）。這台機器的耐用年限是3年。換言之3年過後，這台機器就會不能使用了，殘餘價值變成0。由於也沒辦法賣掉，所以只能報廢。

　　如果這台機器確實使用了3年，且假設這3年間，每年的營收都有300萬。此時，如果會計上不考慮折舊攤提的話會如何呢？（圖44的「無折舊攤提」）

　　第一年的銷貨收入是300萬，減去設備投資費的300萬，代表第一年的營業淨利是0。然而第二年和第三年都各有300萬的營業淨利。用這種方式計算，則營業淨利會跟手頭實際擁有的現金一致。

　　然而，此時國稅局跳出來了。國稅局對公司說：「你們這3年間都是使用相同的印刷機對吧？明明經營的事業都沒變，為什麼3年的獲利差這麼多」。國稅局這麼提問，背後真的想暗示的其實是……沒錯，「麻煩你能不能從第一年開始就獲利啊，不然我們抽不到稅」。因此，會計上才會有人想出「把機器設備算成資產，分3年的時間，每年將機器一部分的價值當成支出扣除」的計算方式。而這筆帳面支出就是折舊攤提費用。

　　於是企業答應國稅局說：「好，我知道了。那我就改把買機器的這筆錢分攤成3年報支出」，然後每年改計100萬的折舊攤提費。多虧如此（？），公司的營業淨利可以平攤為每年200萬元（圖44的「有折舊

圖 44　折舊攤提的用意

| 無折舊攤提 | 第一年 | 第二年 | 第三年 |
|---|---|---|---|
| 銷貨收入 | 300 | 300 | 300 |
| 設備投資費 | ▲300 | 0 | 0 |
| 營業淨利（CF） | 0 | 300 | 300 |
| **有折舊攤提** | 第一年 | 第二年 | 第三年 |
| 銷貨收入 | 300 | 300 | 300 |
| 設備投資費 | ▲100 | ▲100 | ▲100 |
| 營業淨利 | 200 | 200 | 200 |
| **將營業淨利換算成CF** | 第一年 | 第二年 | 第三年 |
| 營業淨利 | 200 | 200 | 200 |
| 折舊攤提費 | 100 | 100 | 100 |
| 設備投資費 | ▲300 | | |
| CF | 0 | 300 | 300 |

> 將折舊攤提費
> 加回營業淨利

CF＝現金流（現金收支）

攤提」）。如此一來，公司第一年就有了營業淨利，國稅局也能收到稅了（笑）。

　　然而，引進折舊攤提概念後，又導致了營業淨利跟手頭的現金數字對不上的問題。

　　這樣下去可不行，所以公司又不得不對財報數字進行調整，將帳面獲利換算成現金流（＝現金收支）。

　　這個調整作業如下：

　　因為折舊攤提費實際上不會有現金流出，所以要把折舊攤提費100萬元加回營業淨利上。這麼一來，就能得到沒有折舊攤提費的原始銷貨收入。

　　接著，再減去設備投資費300萬元。如此一來，即可將營業淨利換算成現金流。

由此可見，**所謂的折舊攤提費，費用實際上並不會有現金流出**，所以在計算實際現金時，必須把這筆錢加回營業淨利，並在實際投資設備的那期扣掉設備投資費。

## 減去營運資金的增加額

第二個調整，則是**減去營運資金（Working capital）的增加額，使銷貨收入和銷貨成本跟實際的現金收支一致。**

這部分的說明比較長，如果真的沒有耐心看完，可以記住**「減去營運資金增加額的理由，是為了符合真實現金流」**這個結論即可。這部分的內容比較困難，我自己也是花了很多時間才弄懂。

那麼以下依序講解。

所謂的企業活動，以製造業為例，流程簡單來說可以分成採購原料、加工原料、生產產品、銷售產品、取得現金，重複這個循環。

如果以汽車產業為例，為了生產1台車，首先要採購鋼鐵等原料。下了訂單後到實際支付款項前，這筆費用在資產負債表上會被當成「應付款項」（圖45）。

另一方面，原料、在製品（半成品）以及製造完成的車輛，在實際

**圖 45　營運資金**

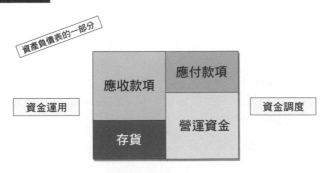

賣出去前，會以「存貨（庫存）」的名義記錄在資產負債表上。

　　然後，車子終於放到店頭銷售，還成功賣掉了。店員跟顧客簽完購車合約，並完成交車。此時公司的帳務上便增加了1台車的銷售。然而在客人實際支付款項前，這筆金額在資產負債表上會被記成「應收款項」。

　　此時就輪到營運資金出場了。各位還記得嗎？通常在收到客人買東西付的銷貨收入前，公司就必須先支付原料的銷貨成本。由於資金的支出和收回之間存在時間差造成資金缺口，所以公司必須隨時保有一定的現金以填補這個缺口。而這筆現金就叫營運資金。

　　營運資金的定義如下：

**營運資金＝應收款項＋存貨－應付款項**

　　然後請看次頁的圖46。在2022年4月1日到2023年3月31日間，隨著應收款項或存貨的增加，公司的營運資金也跟著增加了。所以我們必須扣除這個營運資金的增加額，才能消除銷貨收入、銷貨成本、採購支出跟現金之間的偏差。

　　但話說回來，為什麼會發生偏差呢？其原因有3個：


① **銷貨收入跟現金收入不同：因為有賒購賣出的情形**
② **銷貨成本跟採購支出不同：因為有存貨的關係，且會有所增減**
③ **採購支出跟現金支出不同：因為有賒帳購入的情形**


　　首先是「① 銷貨收入和現金收入不同」。觀察次頁的圖47，會發現銷貨收入跟現金收入不一致。兩者的差額即是期末和期初的應收款項的差值（100萬元）。

　　光是這樣還看不懂對吧。下面繼續依序說明。

　　會計年度開始的期初（圖47的2022年4月1日）尚未從顧客那裡收回的應收款項為200萬元。假使本期的銷貨收入是1000萬元，那麼應收款項加上銷貨收入後的1200萬元，就是本期在未來預定將會入帳的現金。

圖 46　營運資金重要的是「增加額」

**2022/4/1**　　　　　　　**2023/3/31**

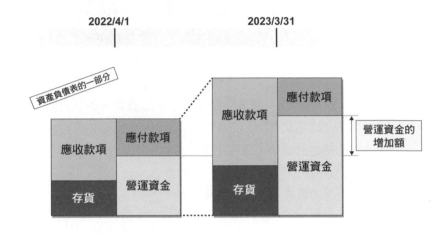

資產負債表的一部分

應收款項　應付款項

存貨　營運資金

應收款項　應付款項

存貨　營運資金

營運資金的增加額

圖 47　①銷貨收入和現金收入差異

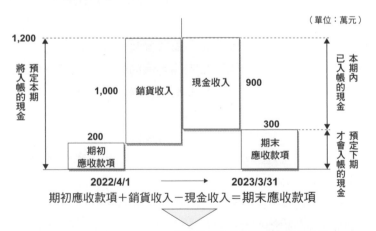

（單位：萬元）

1,200

將入帳的現金

預定本期

本期內已入帳的現金

1,000

銷貨收入　現金收入　900

200

期初應收款項

300

期末應收款項

預定下期才會入帳的現金

**2022/4/1**　　　　　　　**2023/3/31**

期初應收款項＋銷貨收入－現金收入＝期末應收款項

**現金收入** ＝ 銷貨收入 － （期末應收款項－期初應收款項）：算式①

＝

**應收款項增加額**

到了期末（2023年3月31日）時，應收帳款的賒購賣出變成300萬元。由此可知實際現金收入是900萬元。因此，要調整銷貨收入和現金收入的偏差，只需要減去應收款項的期末餘額和期初餘額的差值即可。

**現金收入＝銷貨收入－（期末應收款項餘額－期初應收款項餘額）**
**＝銷貨收入－應收款項增加額【算式①】**

請實際代入數字，看看上面的算式是否符合。

接著是「② 銷貨成本跟採購支出不同」，這是指損益表上的銷貨成本不見得跟採購商品或原料的現金支出相同（次頁的圖48）。這部分的調整分成2個步驟。首先是（1）調整採購支出和銷貨成本的偏差，然後是（2）調整採購支出和現金支出的偏差。

這裡假設我們的公司採購了某個商品。

期初的商品存貨是150萬元，而本期內公司又採購了850萬元，故合計有1000萬元。而這些商品都預計要在本期賣出。

到了期末，假設存貨變成了200萬元，由此可知本期實際賣出了800萬元的商品。在會計的世界，計入銷貨成本的金額並不是採購金額，而是這些被賣出的金額800萬元。由此可見，採購支出和銷貨成本的落差就等於期末庫存跟期初庫存的差值（50萬元）。

**採購支出＝銷貨成本＋（期末存貨－期初存貨）**
**＝銷貨成本＋庫存增加額【算式②】**

一如上面的算式所見，採購支出就是銷貨成本加上存貨的增加額。

然後「③ 採購支出跟現金支出不同」，便是調整採購支出跟現金支出間的偏差（111頁的圖49）。

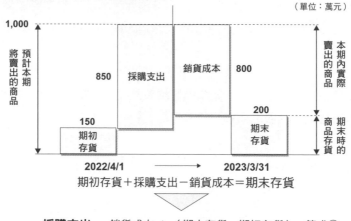

圖48 ②銷貨成本跟採購支出不同

（單位：萬元）

採購支出 ＝ 銷貨成本 ＋ （期末存貨－期初存貨）：算式②
　　　　　　　　　　　　　　　＝
　　　　　　　　　　　　存貨增加額


　　通常公司的採購費不會馬上以現金支付出去，而是先以賒帳購入的形式計在帳上。

　　假設這間公司期初的未支付款項（應付款項）有100萬元。加上本期的採購金額850萬元就等於950萬元，這個數字就是本期預定要付給供應商的現金。到了期末，應付款項還剩下120萬元，代表本期實際上支付的現金有830萬元。

　　由此可知，實際的現金支出比採購金額更少，金額就等於應付款項的增加額（20萬元）。

　　因此可以列出以下關係的算式：

**現金支出＝採購支出－（期末應付款項－期初應付款項）**
**＝採購支出－應付款項增加額【算式③】**

　　看到這裡，相信有人已經忘記，我們為什麼要調整這麼多數字了

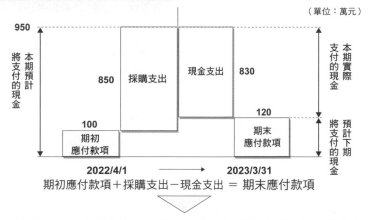

**圖49 ③採購支出跟現金支出不同**

（單位：萬元）

950

將支付的現金／本期預計支付的現金

850 採購支出

現金支出 830

本期支付的現金／本期實際支付的現金

100

期初應付款項

120

期末應付款項

將支付的現金／預計下期支付的現金

**2022/4/1** → **2023/3/31**

期初應付款項＋採購支出－現金支出 ＝ 期末應付款項

▽

**現金支出** ＝ 採購支出 －（期末應付款項－期初應付款項）：算式③

＝

**應付款項增加額**

---

吧？話說回來我們原本要算的應該是現金流才對，而現金流（現金收支）就是現金收入減去現金支出。

**現金收支＝現金收入－現金支出**

※（算式①－算式③）

＝（銷貨收入－應收款項增加額）－（採購支出－應付款項增加額）

※將算式②（採購支出＝銷貨成本＋存貨增加額）中代入採購支出的部分

＝（銷貨收入－應收款項增加額）－（銷貨成本＋存貨增加額－應付款項增加額）

＝（銷貨收入－銷貨成本）－應收款項增加額－存貨增加額＋應付款項增加額

＝（銷貨收入－銷貨成本）－營運資金增加額

以上就是為什麼在計算自由現金流時，要減去營運資金增加額的原因了。

實際上會計的現金流量表也會進行相同的調整。也就是加回折舊攤提費用，調整應收款項、庫存、應付款項的增加額。

相信看到這裡可能有些人頭上會冒出問號：

「銷貨收入減去銷貨成本，不是等於銷貨毛利嗎？但我記得自由現金流的定義應該是用營業淨利去算吧。」

問得非常好。這裡我們省略了「銷售費用及一般管理費」部分的調整。實際的資產負債表上，還會有預付款項和未付款項等項目。所謂的預付款項，是指保證金、訂金等，在收到商品前就先支付部分或全部款項的情況，在資產負債表中被算成「流動資產」；而未付款項，是指收到商品後還未支付的款項，在資產負債上被算成「流動負債」。應付帳款跟未付帳款（通常記為「其他應付款」）的差別，在於應付帳款雖可歸類為採購原料的未付款項；但未付款項還包含購買非流動資產或有價證券等非常態性的交易款。

閱讀現金流量表上的「營業活動的現金流」（32頁的圖14），可發現將稅前本期淨利換算成營業現金流時，調整的項目除了應收款項、庫存跟應付款項以外，還有「其他資產、負債的增減額」這項。**但在計算自由現金流時，由於這個其他項目的金額比較不重要，所以一般只會調整應收款項、庫存以及應付款項這3個項目。**

辛苦了！以上就是為什麼要減去營運資金增加額的理由。

## 用WACC當折現率

在理解什麼是自由現金流後，接著要來談談折現率。

在101頁，我們說過企業的事業價值，即是該企業未來可產生的

自由現金流之現值總額。那麼，在計算自由現金流的現值時，應該用多少的折現率去算呢？

這裡再次輪到WACC（加權平均資金成本，也就是資本成本）登場了（圖50）。

請大家回憶一下第2堂課講過的WACC。所謂的WACC，便是債務成本和權益資金成本的加權平均值。對於企業經營者而言，WACC是調度資金的成本。

那麼，為什麼要用WACC去折現呢？

關於這點，請大家回想一下91頁那個借錢給好朋友和不熟之人的假設實驗。

如果是借錢給好朋友，即使1年後只還款105萬元也沒關係；但若是借給不熟之人，也就是風險比較高的對象時，我們要求的還款會提高至110萬。這個差額來自我們對借貸對象的風險認知差異，你對

**圖50　企業價值與自由現金流的關係**

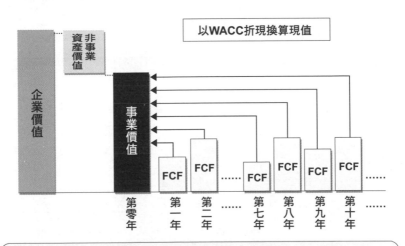

事業價值等於企業未來可產生的自由現金流之現值總額

風險的認知不同，必要報酬率也會不一樣（好朋友是5%，不熟之人是10%）。

而投資人眼中的必要報酬率，就是經營者眼中的WACC。換言之這兩者只是視角不同，本質完全相同。

而必要報酬率的內涵，其實就是投資人在叮囑企業「請用不低於WACC的報酬率運用資金」。換句話說，也就是投資人所**要求運用資金的最低報酬率**。

這便是企業未來可產生的自由現金流以WACC折現的意義。

## 計算事業價值

材料齊備後，接著就來實際計算企業的事業價值吧（圖51）。

所謂的事業價值，即是企業未來可產生的自由現金流之現值總合（前頁的圖50）。

**圖51　事業價值的計算方法**

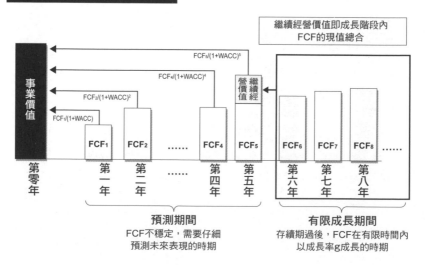

計算事業價值時，第一步是預測企業未來可產生多少自由現金流。話雖如此，因為我們不可能預測到無限遠的未來，所以具體的做法是先預測企業會花多少年從成長期進入成熟期；然後再預期企業進入成熟期後，自由現金流會維持穩定不變，或是會以固定的成長率逐漸增加。

換句話説，我們要預測企業從成長期到成熟期為止，每年可產生多少現金流，再折現計算這筆現金流的現值。算完第一步後，在把預測期間後之階段（圖51的第六年以後）的所有自由現金流加總（**繼續經營價值**），當成具特定成長率的成長型永久債券，套用97頁的公式計算價值。

舉例而言，假設某間第一年可創造100萬自由現金流的公司，在往後每一年的自由現金流皆可成長3%直至永久。在折現率（＝WACC）是5%的條件下，這間公司可創造的自由現金流總值之現值如下：

$$PV = \frac{FCF_1}{r-g} = \frac{100萬元}{5\%-3\%} = 5000萬元$$

但在計算具體的繼續經營價值時，很多人會寫錯分子的自由現金流部分。要注意此時的分子應該是**預測期間隔年**的自由現金流（見下面的算式）。

$$繼續經營價值 = \frac{FCF_6}{WACC-g} = \frac{FCF_5 \times (1+g)}{WACC-g}$$

第六年的自由現金流等於是，預測期間最後一年（第五年）的自由現金流成長g%。

另外必須留意的要點是，這個繼續經營價值**充其量只是從現在算起第五年時的價值**。因此，要計算繼續經營價值的現值，第五年的繼續經營價值和第五年的FCF都必須折現5年。

## 股價過高或過低的情況

用上述方法算出**事業價值，再加上非事業資產價值，即可求出企業價值。接著再減去屬於債權人的計息債務（債權人價值），便能算出屬於股東的股東價值有多少**。然後，我們就可以比較股東價值和股份的市值總額（股價×已發行股數），亦即該公司當前在市場上的價格。藉由比較這兩者，我們可以得知目前該支**股票的市價相對於理論股價（股東價值／已發行股數），究竟是過高還是過低**。

理論股價既是企業併購（M&A）時的評估基礎，也是投資人投資股票時的參考標準。

企業價值並不是公開的。何況它也不存在唯一的「正確答案」。因為每個投資人對於某間公司的風險認定各不相同（59頁的圖26）。但身為企業經營者，必須基於未來的業績預測，主動掌握自己公司的股價是否有過高還是過低的情形。

比方說，若公司的實際股價超出經營者自己認為合宜的價值，一般會出自於2種原因。第一種原因，是投資人對公司的獲利，也就是未來可產生的自由現金流過度樂觀；第二種原因，則是投資人的風險認定太低。

不論出於哪一種原因，從中長期的角度來看，股價太過偏離公司的實際經營狀況都不是件好事。因為不切實際的股價總有某天會往下跌，回歸現實。

以上便是企業價值的部分。相信看完上面內容後，各位應該會發現其中的概念沒有想像中艱澀。而且如果你也是位居公司經營者職位的話，希望你有確實理解上述的內容。

## 管理營運資金

接下來，我們要來看看企業經營者應該怎麼做，才能提升事業價值（圖52）。

直接先說結論，提升企業事業價值的不二法門是**極大化自由現金流，並盡可能降低等同折現率的WACC**。

那麼，該怎麼做才能極大化自由現金流呢？很簡單，只要分析一下自由現金流的組成要素，答案自然就會出現。

首先是**增加營業淨利**。然後是**思考如何減少稅金**。對於業務橫跨全球的企業，必須仔細研究各個國家的稅制差異，尋找增加營業淨利最適合的解方。

再來，還要**重新審視設備投資**。公司投資設備時是否有明確的決

圖 52　提高企業事業價值的方法

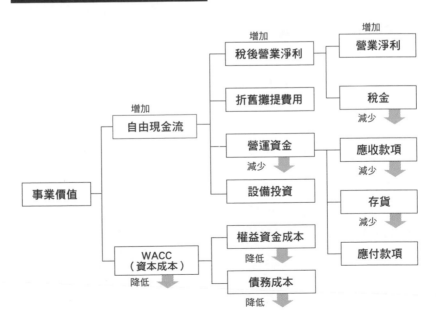

策標準？所有投資項目都必須要能提高事業價值。為此，明確的投資判斷基準（關於這點會在第5堂課詳述）十分重要。

還有，如同先前所述，設備投資應在現在和未來之間取得平衡。若現在對設備投資太吝嗇，只顧著提升眼前的自由現金流，未來的自由現金流就會減少；話雖如此，也不能過於揮霍在投資設備上。必須審慎思考怎麼掌握現在和未來的平衡點。

此外，確實做好**營運資金的管理**也很重要。

要管理好營運資金，首先是減少應收款項。為達成此項目的，可以嘗試跟交易的對象交涉，縮短資金的收回週期，或是把合約的交款期限從每月1次改成2次等等。

其次，存貨（庫存）也跟營運資金有很大的關係。請回想一下資產負債表的內容。為了維持資金運用的存貨，公司必須設法從其他地方調度資金（營運資金）。換言之，存貨的對應面就是現金。

以前我在商學院唸書時的財務管理教授常常告訴我們「**存貨就是現金！**」比如若商品存貨從1個增加到10個，代表公司需要的現金也增加了10倍。因此，公司必須設法從其他地方準備出這麼多錢。所以說，當存貨增加時，營運資金也會跟著增加。

還有，支付部分（＝支付期限）的改變，也會影響營運資金的增減。舉個例子，假設公司原本在收到商品後有3個月的付款期限。這相當於公司向交易對象借了3個月的錢。然而某天，供應商突然要求公司，以後必須在交貨的同時結清貨款。如果你是公司的經營者，應該會很傷腦筋吧。因為你必須比以往多準備3個月份的金額。由此可見，縮短應付款項的期限，也會導致營運資金增加。

話雖如此，我們在第78頁說過，當應付款項的付款期限太長時，供應商也有可能把利息轉嫁到採購價格上。

諸如此類的產業運作機制，並不是只要企業經營者和財務人員知道就行了。

再舉個例子，負責產品製造業務的人，為了防止生產線停工，有時採購原料會故意多進一點以維持存貨。對負責製造的人來說，這也

許是非常合理的判斷。然而對公司整體而言，卻不見得是合理的做法。因為站在營運的角度，不論營收數字提升了多少，在還沒收回現金前，這樣做只會讓資金周轉變得更加困難。

---

### 快速回顧

在此讓我們總結一下營運資金管理的內容吧。

**營運資金增加，將使自由現金流減少。而這會減少事業價值。**

導致營運資金增加的原因有很多，其中之一是資產負債表上的資金運用增加，換言之就是應收款項和存貨增加，這可說是最常見的1個原因。

換句話說，要防止營運資金增加，就必須**壓縮應收款項和存貨**。要盡可能縮短應收款項的收回時間，可以多加教育業務負責人員的財務觀念；而要減少庫存，則必須讓相關部門的人員徹底了解，維持存貨在適當貨量的重要性。

---

提升事業價值的方法有很多種，其中最容易被忽略的就是管理營運資金。請大家務必牢牢記住。

## 重複計算

目前為此，我們學會了計算企業價值的方法。讀過以上的內容後，相信各位已經清楚認識到，企業價值是可以算出明確數字的。

話雖如此，我相信此時一定會有人舉手反駁──可是剛剛學的這些方法，都沒有算到企業的品牌價值啊！你是不是也是其中之一呢？

對於這個問題，我們可以換個角度來思考。正是因為有品牌存在，顧客才會購買公司的產品、為企業貢獻銷售量，最終產生了自由

現金流。

　　從這個角度思考就會發現，**企業價值之中，早已經反映了品牌價值**。因為品牌價值已經反映在企業的自由現金流之內，而事業價值又是用自由現金流算出來的，所以若再額外加上品牌價值，就變成重複計算了。

第 5 堂

這就是
「投資決策的判斷方法」

## 投資判斷的決策流程

　　沒有投資，企業價值就不會提升。在這層意義上，即使說現在的投資左右了企業的未來也不為過。因此，從本章開始，我們將介紹投資的基準，身為企業經營者應投資哪些事業才能提高企業價值？以及談談關於投資的判斷決策。

　　投資判斷的決策流程有以下4個階段：

①預測某個項目（事業）可產生的現金流
②計算投資判斷的指標
③比較計算結果和採用標準
④根據❸的結果，若達到標準則投資，若未達標準則不投資（圖 53）

圖 53　投資判斷的決策流程

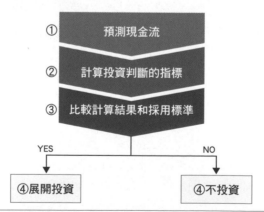

以上純為定量的評估方法，實際決策時還必須綜合考量技術可能性、當地的社會環境、組織管理、法律等定性因子

然而，以上只不過是**定量**的判斷而已。若是單靠定量的判斷就能決定一切，那就不需要經營者了。除此之外還存在其他無法用數字表達的因子，也就是**定性**的因子。

比如ESG（Environment＝環境、Social＝社會、Governance＝企業治理）投資，近年正逐漸成為無法忽視的世界潮流。尤其是負責運用政府年金的投資人大多重視ESG，傾向投資實踐ESG的企業。

在進行投資判斷時，做決策最重要的是抓住定量面和定性面判斷的平衡。

## 淨現值法

我以前在日產汽車公司工作時，是採用淨現值法（Net present value，縮寫為NPV法）當作圖53中②投資判斷的指標。故這裡我們就來介紹淨現值法吧。

在上一堂課認識企業價值的概念後，應該不難理解淨現值法。其實，**投資某個項目，就跟「買入該項目未來可產生的現金流」是同樣的意思**。而此時的判斷指標也很簡單：若購買價格低於未來可產生的現金流之現值，就代表「這是筆好買賣」。

上述的事件放在財務上，可以如此描述：

比較某個項目未來可產生的現金流之現值（現金流入的現值），以及該項目所需的投資額之現值（現金流出的現值），若前者大於後者就代表「可以投資」。而**「現金流入的現值」減「現金流出的現值」就是淨現值**（NPV，次頁的圖54）。

要注意的是，很多人會把淨現值跟第3堂課介紹的現值（PV）混為一談（其實淨現值和現值都可以用Excel輕鬆算出。詳細請參照拙作日文書《好用的財務管理》，書名暫譯）。

淨現值法這個名字聽起來好像很深奧，但它其實跟我們日常生活中的經濟活動有著密切的關係。

這世上所有的經濟活動都是「**價格跟價值的交換**」。價格是我們掏

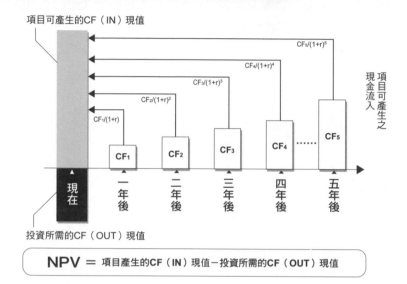

圖 54　淨現值法的本質＝ NPV（Net Present Value）

項目可產生的CF（IN）現值

項目可產生之現金流入

$CF_1/(1+r)$
$CF_2/(1+r)^2$
$CF_3/(1+r)^3$
$CF_4/(1+r)^4$
$CF_5/(1+r)^5$

現在　一年後　二年後　三年後　四年後　五年後

$CF_1$　$CF_2$　$CF_3$　$CF_4$　……　$CF_5$

投資所需的CF（OUT）現值

NPV ＝ 項目產生的CF（IN）現值－投資所需的CF（OUT）現值

出來的錢，而價值則是我們掏錢後買到的東西。換言之，**只要我們持續用較低的價格買到高價值的東西，就會在經濟上變得富裕**。

舉例來說，當我們在超市購買1袋100元的紅蘿蔔時，也會下意識地去比較這袋紅蘿蔔有沒有100元以上的價值。而所謂的淨現值法，就是把這種日常購物中無意識的比較，應用在事業的投資判斷上。

實際上，**淨現值大於0就代表「應該投資」**，因為價值高於買入的價格。

相反地，**淨現值小於0代表「不應該投資」**，因為價值低於價格。

順帶一提，當年我在日產汽車公司工作時，它們用的是稍微變化過的淨現值法，是用現金流入的現值除以現金流出的現值，取名為NPV-R法。判斷標準是NPV-R的數值「大於1.5則可投資」。

比如若支付的價格為100元，則入手之物的價值，即現金流入的現值必須超過150元。順帶一提，1.5算是非常嚴格的標準。

很多企業並不使用淨現值法當成投資判斷的指標。會去計算淨現值法的企業也很少。然而前面也說過了，淨現值的概念本身並不難，只需要比較價值和價格即可，算是非常單純了。

在先前介紹的投資決策4階段中，最難的是①預測項目可產生的現金流。因為要預測這一點，上從國內外經濟局勢等宏觀視野，下至企業所處的商業環境等各種因子，都必須加以考慮。

---

【淨現值法】

淨現值＝項目未來可產生的現金流之現值（現金流入的現值）

　　　　－項目所需之投資額的現值（現金流出的現值）

淨現值＞０：應該投資

淨現值＜０：不應投資

---

## 折現率跟淨現值的關係

這裡請各位回想第3堂課時，關於終值和現值的內容。還記得終值折現換算成現值時，所用的利率叫什麼嗎？

沒錯，叫做折現率。計算淨現值時，估算投資項目未來可產生的現金流之現值，就是把終值換算成現值，所以此處也會用到折現率。

然而，要估算投資判斷時所用的折現率非常難以決定。至少，這個值**必須高於提供資金的投資人（股東和債權人）所要求的報酬（＝必要報酬率＝WACC）**。

項目的風險愈高，根據「高風險、高報酬原則」，自然就會要求愈高的報酬。如此一來，折現率也會設定得更高；而折現率高，意謂著項目產生的現金流之現值會減少，淨現值當然也會變少。而**當淨現值**

變成負值時，就表示這個項目「**不適合投資**」（圖55）。

　　以日產汽車公司來說，會依照該項目的執行地點，考量國家風險（發生恐怖攻擊、內亂或被政府無預警凍結帳戶導致資金無法收回等，該國家或地區固有的風險）來設定不同的折現率。如果該項目的執行地點是在非OECD（經濟合作與發展組織）成員國，設定的風險溢酬就會比在OECD成員國投資時更高。

　　雖然不確定各位任職的公司實際上是怎麼做的，但替不同項目設定各自的折現率，在未來應該會變成理所當然的做法。各位所處的公司，以後說不定也有機會發展本業之外的新興事業。屆時，請務必記得把折現率設定得比投資本業時還要高。因為，投資新事業的風險，理論上會比本業更高。

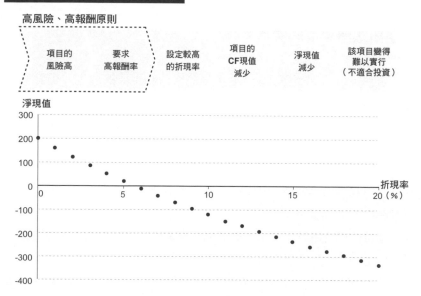

**圖55　折現率跟淨現值的關係**

## 總公司淨現值小於0的原因

　　這裡我想進一步帶大家思考，企業之下不同項目的淨現值和企業價值之間的關係。

　　首先請看圖56。在實際的商場上，通常應該是多個項目（事業）同時在公司內推進。其中有些項目的淨現值大於0（事業價值為＋）；也有些不如一開始的預期，淨現值掉到0以下（事業價值為－）。而所有項目的現值總合就是企業價值。

　　在圖56中，總公司的淨現值是負值（－），這是因為總公司並不一定會投資項目。當然，即便淨現值為負值，也不代表就不需要總公司的功能。這裡之所以數值為負值，代表的意思是「總公司的功能本身並不在於創造現金」。

**圖 56　企業價值與各項目的關係**

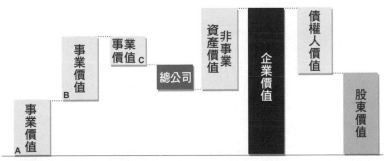

事業A的　事業B的　事業C的　總公司　非事業
價值（＋）價值（＋）價值（－）價值（－）資產價值

> 企業價值即是所有項目（事業）的現值總合，為了提高企業價值，各項目的投資判斷很重要

無論如何，**各項目的淨現值總合再加上總公司機能的淨現值，就等於事業價值**。事業價值加上非事業資產價值就是企業價值，然後企業價值減去債權人價值（＝計息債務）即為股東價值，這點我們已在第4堂課講解過。

所以說，為了提升企業價值，各個項目的投資判斷都很重要。

## 內部報酬率法

除了淨現值法以外，項目投資判斷還有其他不同的指標。這其中有1個是日本企業愛用的指標，就是內部報酬率法。

**內部報酬率**的英文縮寫為IRR（Internal rate of return），即「**淨現值（NPV）為0時的折現率**」。換句話說，就是支付價格跟獲得價值剛好相等時的折現率。

所以呢？腦中浮現這個疑惑的不會只有你而已。我自己當初在學內部報酬率的時候，也同樣感到非常疑惑。

其實，就算理解了定義，在實務上也派不上用。簡單來說，**內部報酬率就相當於存款的運用利率**。

讓我們具體說明這其中的意思。

現在，假設有1個1000萬元的投資項目A，可以在3年間每年為公司創造500萬元的現金流（圖57的上表）。我們可以用內部報酬率函數算出，這個項目的內部報酬率是23.4%（計算原理解釋起來會花費不少篇幅，想了解詳細過程的人請參考拙作《好用的財務管理》）。

接下來就是正題了。

其實，如果我們能找到1間存款利率高達23.4%的銀行，並把這1000萬元存到入該銀行的帳戶，也可以創造出跟該項目完全相同的現金流（圖57的下表）。

假設我們在2022年1月1日把這1000萬元存入這家銀行，那麼到了同年的12月31日，就能領到234萬元的利息。

接著我們在同一天領出500萬元。此時，領出這500萬元的行為

圖 57　內部報酬率 23.4%的項目 A 與存款帳戶的比較

**內部報酬率＝23.4%的項目A**　　　　　　　　（單位：萬元）

| 年度 | 2022年<br>1月1日 | 2022年<br>12月末 | 2023年<br>12月末 | 2024年<br>12月末 |
|------|------|------|------|------|
| 項目A的<br>CF | -1,000 | 500 | 500 | 500 |

> 投資內部報酬率＝23.4%
> 的項目，就跟把錢放在存
> 款利率23.4%的銀行帳戶
> 中一樣

**利率＝23.4%的存款帳戶**　　　　　　　　　（單位：萬元）

| 年度 | ①帳戶餘額<br>（1月1日） | ②利息<br>（①×23.4%） | ③領出額 | 帳戶餘額（12月31日）<br>（①+②+③） |
|------|------|------|------|------|
| 2022年 | 1,000 | 234 | -500 | 734 |
| 2023年 | 734 | 172 | -500 | 405 |
| 2024年 | 405 | 95 | -500 | 0 |

就等於獲得了500萬的現金流。隔天，也就是2023年1月1日，銀行帳戶中還剩下734萬元。然後在2023年年底，這734萬元又會創造172萬元的利息。

　　同樣的流程重複3年，每年年底都領500萬出來，到了第三年時帳戶的餘額將變成0。你注意到了嗎？整個過程的現金流模式就跟項目A別無二致。

　　這就是剛剛說投資內部報酬率 23.4%的項目，就等於把錢存入存款利率23.4%的銀行帳戶是相同的意思。

## 與WACC相比

　　而下一步要討論的，則是最開始存入銀行的1000萬元本金，是用幾％利率調度到的問題。比如，假如是用30%的利率信用貸款1000萬，然後放進存款利率23.4%的帳戶，那很明顯一點都不划算（笑）。

除非用比23.4%更低的利率調度到這1000萬元，否則這筆投資絕對賺不到半毛錢。因此，投資時必須謹慎判斷到底要用幾%的利率來調度投資資金，也就是調度成本。

若用內部報酬率法來決策是否投資某個項目，此時的判斷基準就是之前已經出場過很多次的企業調度成本，即WACC（資本成本）。

用內部報酬率法進行投資決策的流程是：

**①預測項目可產生的現金流**
**②計算項目的內部報酬率**
**③若〈內部報酬率＞WACC〉則投資，若〈內部報酬率＜WACC〉**
**　則不投資**

第一步跟淨現值法一樣，要預測現金流。第二步是計算項目的內部報酬率，最後如③所述，如果內部報酬率高於WACC則投資，低於WACC則不投資（圖58）。

然而在現實中，很少公司在做投資判斷時會考量到WACC，大多只算出內部報酬率後就下決定。

因為比起淨現值的抽象正負概念，內部報酬率更容易讓人產生「喔喔，這個項目的收益率有8%，感覺很不錯耶」的感覺（笑）。而這正是很多人說內部報酬率法比較直觀易懂的原因。

然而真正重要的不是8%的數字本身，而是拿這8%的收益率跟什麼東西相比。如果不去思考這點，就等於只想到資金運用，而無視了資金調度。所以，**在使用內部報酬率法時一定要比較內部報酬率和WACC**。這是重中之重。

以前頁的圖57的銀行帳戶為例，這就是在思考「若要把錢存入存款利率23.4%銀行來獲利，應該用幾%的利息來調度這筆錢」。此時存款（＝項目）的報酬率要高於調度成本（＝WACC）才能期待獲利。

圖 58　內部報酬率法

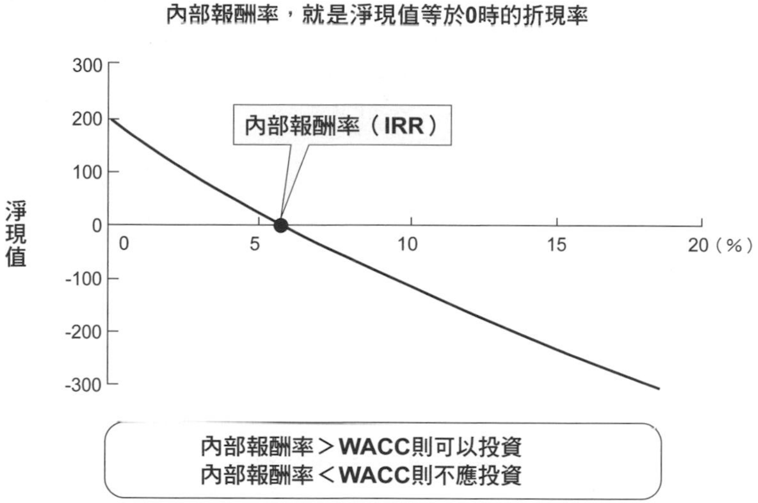
內部報酬率，就是淨現值等於0時的折現率
300
200
100
0
-100
-200
-300
淨現值
0
5
10
15
20（%）
內部報酬率（IRR）
內部報酬率＞WACC則可以投資
內部報酬率＜WACC則不應投資

## 最低資本報酬率

在實務上還有1個一定要認識的術語，就是「最低資本報酬率」。

最低資本報酬率的英文是「Hurdle rate（臨界點報酬率）」，換言之，也就是代表最低門檻的報酬率。

具體來說，最低資本報酬率等於WACC（資本成本）＋α，其中的α代表了經營者的期望（次頁的圖59）。

這裡再次借用日產汽車公司的例子來具體說明。

首先請看次頁的圖60。這張圖的概念是透過右側的Debt（計息債務）和Equity（股東權益）來調度資金，再把錢丟進左側的投入資產加以運用。

根據當時日產汽車公司財務部門對CEO戈恩先生的報告，資金調度成本——也就是WACC是7%。然後戈恩先生下令「對於OECD成員國境內實施的項目，折現率要設定為11%。」換言之必要報酬率

圖 59　最低資本報酬率是什麼？

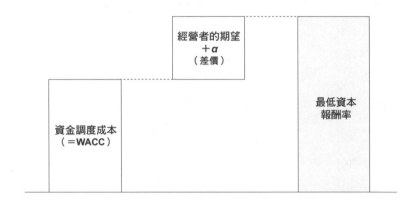

經營者的期望
＋α
（差價）

最低資本
報酬率

資金調度成本
（＝WACC）

圖 60　最低資本報酬率與 WACC 的關係（以日產汽車公司為例）

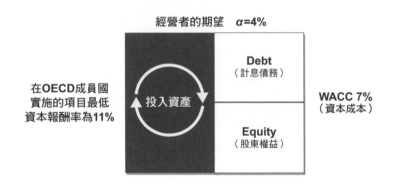

經營者的期望　　α=4%

Debt
（計息債務）

在OECD成員國
實施的項目最低
資本報酬率為11%

投入資產

WACC 7%
（資本成本）

Equity
（股東權益）

是11%。這代表他訂下的最低資本報酬率門檻是11%，其中7%是資金調度成本，另外4%是他經營決策下的報酬率。於是，日產汽車公司內部，便使用這個最低資本報酬率作為投資判斷的折現率。

折現率一定是WACC＋α。因為用7%的利率成本調度到資金，再拿去投資報酬只有7%的項目，最終的結果也只會是損益兩平，賺不

到半毛。所以要提升企業價值，利率就必須要比7％再高一些。因此才要設定一個「**比成本更高一些的利率**」，也就是最低資本報酬率。

順帶一提，計算淨現值時所使用到的折現率，也是這個最低資本報酬率。

## 內部報酬率法的注意事項

回到內部報酬率法的話題。

使用內部報酬率法時，需要注意以下幾點。

首先，依照項目的現金流模式，有時可能發生沒有解答，或存在多個解答的情形。另外，當項目可永久產生現金流時無法計算內部報酬率。

其次，內部報酬率法無法反映項目的規模。舉個例子，假設有個人來找你借錢，並給出A和B兩種方案，請問你會選擇何者？

A：借我100元，1個小時後還你150元。
B：借我1000元，1個小時後還你1100元。

如果你選擇A的話，那就大錯特錯了。

方案A的報酬率50％〔＝（150－100）／100〕，方案B的報酬率是10％〔＝（1,100－1,000）／1,000〕。很顯然A的報酬率比較高，但如果用報酬率當判斷標準就錯了。

從企業價值的觀點來看，應該選擇收回金額更多的方案B。企業經營者最應致力的目標，乃是提升企業的價值。而提升價值不是單純提高報酬「率」，而是要提高企業價值的「值」。

「**對於企業經營，值比率更重要**」。一直以來，日本中小企業的老闆間便流傳著這句諺語。換句話說，就算項目的收益率再好，若能帶給企業的價值很小，就沒有意義；反過來想，這也意謂著**內部報酬率**

**法無法判斷投資的優先順位。**

　　但請不要搞錯了，這並不是說利率不重要，在此只是純粹是想提醒「決策時不能只看報酬率」。**報酬率和報酬的值都很重要**。

　　以前曾有某間電力公司的投資部門主管這麼告訴我：

　　「在日本的電力和天然氣市場自由化後，競爭變得愈來愈激烈。在這樣的背景下，除了電力事業外，公司不得不發展其他新事業。在我們的社長和其他董事會成員看來，新事業的內部報酬率有30%，相比之下傳統電力事業的內部報酬率只有5%，便以為發展新事業比本業更好。」

　　在這段話中出現了所有對內部報酬率的迷思和誤解。換言之，這家電力公司的董事會沒有看到新事業和傳統事業的風險差異。重要的

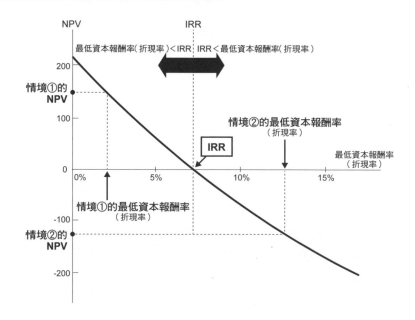

圖 61　不同情境中的最低資本報酬率

不是報酬本身，而是**報酬是否符合風險**，但經營多重事業的企業經營者都會忘記這件事。無論什麼情況下都千萬不可以忘記，「**報酬必須符合風險**」。

關於內部報酬率的部分，大家應該都大致理解了。然而，此時有些人可能會好奇，內部報酬率跟先前提到的淨現值又是什麼關係呢？

從結論來說，不論用淨現值法還是用內部報酬率法進行投資判斷，結果都完全一樣。

在圖61的圖表中，曲線和橫線（淨現值＝0的線）交點上的折現率就是內部報酬率。在情境①下，即最低資本報酬率（折現率）低於內部報酬率（IRR）時，淨現值（NPV）會大於0；相反地，在情境②下，即最低資本報酬率大於內部報酬率時，淨現值會小於0。

到頭來，比較內部報酬率和最低資本報酬率，就是在判斷某個項目的淨現值到底是正還是負。

## 回收期間法

還有1種項目的投資判斷指標，那就是回收期間法（Payback period method）。在此也順便介紹一下，以供各位參考。

回收期間法是用來**計算需要幾年才能收回投資本金**。

舉個具體的例子。請看次頁的圖62。假設有個投資額500萬元的項目A，在投資此項目4年後，該項目累計可收回460萬元（100＋110＋120＋130）。換句話說，第四年時的累計現金流（累計CF）會變成負40萬元。因此若要完全收回投資本金，就必須在第五年時收回剩下的40萬。

假如第五年全年的現金收入平均分攤到每個月，那麼要收回剩下的40萬元將需要：

$$\frac{40}{140} \dashv 第五年的現金流$$

圖 62　回收期間法

| 年度 | 0 | 1 | 2 | 3 | 4 | 5 |
|------|-----|------|------|------|------|------|
| 項目A的CF | -500 | 100 | 110 | 120 | 130 | 140 |
| 累計CF | -500 | -400 | -290 | -170 | -40 | 100 |

（萬元）

$$回收期間 = 4 + \frac{40}{140} = 4.29年$$

即0.29年（約3個半月）的時間。

因此，可算出項目A的投資額收回期間是4.29（4年＋0.29年）。

如果公司內部的規則是「項目的投資額收回期間必須低於3年」，那就不會投資項目A。

也許是因為回收期間法非常簡單明瞭，出乎意料地，日本有很多企業採用此判斷指標。但回收期間法卻有4個很大的問題。

第一，**回收期間法「忽視了金錢的時間價值」**。用完全相同的價值看待第一年和第二年的現金。

第二，**回收期間法在結果上，忽視了回收期間之後的現金流價值**。以項目A為例，回收期間法雖能算出「花4.29年收回本金」。但若項目會在第4.29年之後現金流暴增，用此指標判斷的話就會遭到否決，錯失機會。

第三，**回收期間法忽視了項目整體的風險**。在淨現值法或內部報酬率法中，可藉著調整折現率來反映項目的風險（＝未來現金流的不確定性），回收期間法卻沒有這樣的因子。

第四，**回收期間的基準模糊不清**。

以上就是回收期間法的潛在問題。不過，儘管存在這些缺點，此

方法也有非常簡單易懂的優點。只要確實理解這些問題所在,依然可以把回收期間法當成參考之一。實際上,日產汽車公司過去也曾使過用這項指標。不過,要記住這項指標不可單獨用於投資判斷上。

---

**快速回顧**

這裡簡單回顧一下本堂課所介紹的投資判斷指標。在淨現值法中,我們會比較項目的價值和價格,若價值>價格就可以投資。具體的判斷方式是**若淨現值大於0則進行投資,若小於0則不投資**。在判斷某項投資是否能確實提高企業價值上,這個方法可說是個非常優秀的指標。

而在內部報酬率法中,我們不會單靠內部報酬率(IRR)便做出投資判斷,而是要比較最低資本報酬率跟內部報酬率。**若內部報酬率大於最低資本報酬率則進行投資,若小於最低資本報酬率則不投資**。不過內部報酬率法在某些項目現金流模式中,可能會遇到無法計算內部報酬率,或是可能算出多種解答。而且內部報酬率法無法反映出項目的規模,因此不能用來判斷項目的優先順序,在使用時必須注意這些問題。

除了淨現值法和內部報酬率法,還有其他的投資判斷指標,像是回收期間法等等。但這些指標存在很多問題,只應當成淨現值法或內部報酬率法的輔助指標使用。

---

## 預測現金流時的注意事項

至此,我們已看過了幾種不同的投資判斷指標。然而,卻幾乎沒有提到要怎麼預測項目可產生的現金流。

不論投資判斷有多出色，一旦項目的現金流預測失準就沒有任何意義了。而現金流的預測正是最困難的部分。

　　因此，為了盡可能提高預測的精準度，下面將講解幾個預測現金流時要注意的重點。

## 沉沒成本

　　首先請大家思考1個問題。

　　假設你在某間製藥公司中擔任經營企劃的負責人。公司在某個由社長主導的新藥研究開發項目上投資了300億元。此項目是為了開發某個不治之症的治療藥物。

　　但就在這個項目進度到達90%時，別間製藥公司突然宣布，成功研究出治療相同疾病的藥物。因為有很多病患都在等待這款新藥，所以政府的審查也史無前例地迅速，馬上就獲准上市。

　　這種新藥不僅比你們公司正在開發的產品更有療效，而且還便宜得多。但社長認為「我們都已經投資超過300億了，事到如今不能就這樣中止」。在聽過社長的意見後，請問你應該怎麼回應他呢？

　　如何？是不是很讓人傷透腦筋呢。有的人可能會承受不住壓力，直接回答「那就照社長指示去辦」呢（笑）。

　　但是，假如真的遇到這種情況，我希望各位可以堅定立場，勇敢地這麼回答：

　　「社長，雖然我們確實已經投資了超過300億元，但請容許我這麼說，這跟我們投資了多少錢沒有關係。」以及「重要的不是過去，而是現在和未來。」

　　不僅如此，你還要明確地告訴他：「您應該比較繼續研發的淨現值跟中止研發的淨現值，判斷看看何者比較大。」

　　此時社長可能會反駁道：「怎麼會沒有關係，我們可是實際砸了

300億元！」那麼，你必須這麼提醒他：「這300億元是沉沒成本！」所謂的沉沒成本（Sunk cost），就是指這筆錢已經像沉到海底一樣，去不復返。

**已經支付且無法收回的現金流不應該納入計算。**不知各位了解這句話的意思嗎？有時即便腦袋已經理解，人類在做決策時還是很容易被沉沒成本所影響。請各位牢記這點。

我還記得某次曾在女兒的死纏爛打下帶她去看電影。沒想到電影剛開演15分鐘，她就突然告訴我「爸爸，好無聊喔，我想走了」。

我當下的第一個念頭就是「我們都已經付電影票錢了，不看完的話很浪費」。而這2人份的電影票錢，就是無論怎麼做都拿不回來的沉沒成本。

在那個當下，我應該怎麼做決策才對呢？

理性的做法，是比較繼續把電影看完可獲得的利益（「感動」、「大笑」等），以及離開電影院陪女兒去其他地方玩可獲得的利益（「吃好吃的東西」等）。

然而說得簡單，做起來卻很難。因為這2種利益都只是我主觀的預測。如果繼續把電影看完，說不定會發現這電影其實超級好看；另一方面，如果選擇離開電影院，我女兒的心情也不見得就會變好。

後來，我選擇了不看完電影、離開電影院，陪女兒去吃她吵著要去的鬆餅店。

最後我女兒吃鬆餅吃得很開心，而我也尊重了她的意志，讓我覺得自己的選擇很有意義；但那部沒看完的電影也有可能很好看，令我大受感動，所以我對自己當時的選擇也沒有自信一定是正確的。

但無論如何，至少我沒有受到名為電影票錢的沉沒成本所影響。

在商業上，即便生意不斷賠錢，人們也很容易抱持幻想，認為如果繼續投入資金，也許未來有一天就會由紅轉黑。結果就拖拖拉拉一直死死抱著不放。這難道不是被沉沒成本給絆住了嗎。

那麼，究竟該怎麼做才能擺脫沉沒成本的困境呢？

第一個方法，是**事先設定好退場規則（出口）**。比如用投資新事業常說的諺語「3年內實現單年度黑字，5年內清空累計虧損，做不到就退場」，當成公司規則，就能更輕鬆地「斷捨離」。總而言之，務必要避免猶豫不決而無法決定投資的期間和金額。

## 機會成本

機會成本（Opportunity cost）是在介紹損益表時也曾出現的概念，俗稱「看不見的成本」，也因此很容易被大家遺忘。然而，它卻是非常重要的存在。

大家還記我們在65頁說過，「資本成本就是對投資人而言的機會成本」這句話嗎？

所謂的機會成本，一般來說就是「**做了某個選擇而喪失的東西、做出選擇時失去的價值**」。

以前我在商學院就讀時，我們的財務管理教授曾經這麼說過：

「你們今天來唸MBA，花費的成本不只有學費，還有選擇不唸MBA而到外面就職可得的2年薪資以及2年的工作經驗。這些都是必須考慮的機會成本。」

現在，大家在這裡閱讀這本書時，也在產生機會成本。因為假使你選擇不讀這本書，相同的時間可以拿去看電影、看球賽，獲得名為感動或刺激的利益。只不過你們把這些利益跟閱讀本書可獲得的好處，放在天秤上比較，認為後者的利益更大，才選擇坐下來閱讀本書；又或者，你們是犧牲了放鬆自己或陪伴家人的時間來閱讀本書。不論如何，我都非常感謝各位對本書的厚愛。

話雖如此，機會成本卻因人而異。這句話又是什麼意思呢？

試想一下花1個小時洗車的機會成本。假使你不去洗車，而是把這1個小時拿去打工好了，但每個人打工的薪水不見得相同；此外，打工可獲得多少報酬也只有實際做過後才會知道，所以機會成本終究只

是假設的成本。

## With-Without原則

所謂的With-Without原則，指的是**在判斷是否投資某項事業時，應該要先仔細比較過「投資（With）」以及「維持現狀而不投資（Without）」時，各自的現金流變化後再下決定**。進行投資判斷時，必須基於With-Without原則來預測現金流。

關於此原則，讓我們舉個具體例子來解釋。

假設你的公司持有1座大型停車場。經營這座停車場可獲得的自由現金流就是次頁的圖63中的②「Without（不執行項目時）的自由現金流」。

然而有天，你們公司決定要把停車場改建為購物中心。圖63中的①「With（執行新項目時）的自由現金流」在第零年時，會產生建設費用的現金流出（支出）。

在這1年前你們還做了市場調查，產生了市調費用的現金流出（黃色部分），這是屬於138頁所說的沉沒成本。然後，從第一年開始，購物中心事業每年都會產生自由現金流。

③項目FCF等於①「With的自由現金流」和②「Without的自由現金流」的差值。經營停車場可獲得的自由現金流（根據過去的業績預測，即圖中的黃色橢圓部分）要往下畫，這就是前面所說的機會成本。為什麼這是機會成本呢？因為若投資購物中心的事業，就會失去經營停車場可得到的自由現金流。

其實，計算項目淨現值或內部報酬率時所用的自由現金流，實際上是With和Without的自由現金流差值。就連很多實務工作者都常常會忘記這件事，請務必留意。

圖 63　With-Without 原則

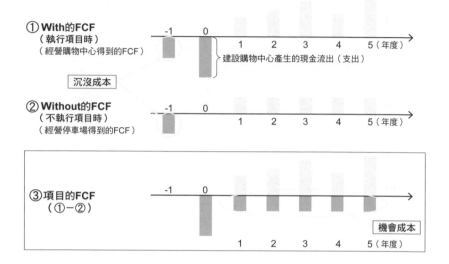

項目的FCF＝執行項目時（With）的FCF－不執行項目時（Without）的FCF

①With的FCF
（執行項目時）
（經營購物中心得到的FCF）

建設購物中心產生的現金流出（支出）

沉沒成本

②Without的FCF
（不執行項目時）
（經營停車場得到的FCF）

③項目的FCF
（①－②）

機會成本

老實說，我之前對這個With-Without原則也是一知半解。因為財務的工作不關心過去，只放眼未來。暫且不說沉沒成本，我一直不明白為什麼需要考慮機會成本這玩意兒。為什麼不能只用建設費用的現金流出跟經營購物中心的現金流入來計算淨現值。直到後來我轉行從事顧問工作，接觸到某個真實案件後，才終於理解箇中意義。

這個案件是這樣子的：

有間公司打算投資10億元為工廠增設生產線。由於先前確認過淨現值大於0，所以公司也通過了投資案，完成投資。然而，後來才發現這筆投資案的批准報告上有個錯誤——當初竟然是把整間工廠產生的自由現金流，當成這筆10億元設備投資的自由現金流來估算。

為什麼不能用整間工廠產生的自由現金流來算？因為這會把既有生產線產生的自由現金流也算到新設的生產線上。換言之，明明Input（設備投資）只算了10億元的投資，Output（投資產生的自由現金流）卻算成整間工廠產生的自由現金流，根本牛頭不對馬嘴。

　　身為項目的負責人，應該要在計算時減去Without的自由現金流。換言之，應該先預測若沒有花10億增設生產線的話，整間工廠的自由現金流會是多少，然後再把這數字從With（執行投資時）的自由現金流中扣除，如此算出來的數字才是這10億元設備投資帶來的自由現金流。

　　如果你不喜歡With-Withou原則這個名稱，也可以參考下面這本財務管理教科書《Fundamentals of Corporate Finance第10版》（作者為Richard A. Brealey, Stewart C. Myers, Alan J. Marcus，台灣有華泰文化出版的第11版）。書中有提及：**「進行投資判斷時，無論何時要考慮的都是增加的自由現金流。換句話說，必須著眼於這筆投資所帶來的變化。」**

　　如果沒有搞懂With-Without原則，不論多麼小心地計算淨現值或內部報酬率，都有可能在做決策時犯錯。

第6堂

這就是
「借還款的方法」

身為經營者，必須要能判斷應該以何種方式調度資金，才能提升自家公司的企業價值。與此同時，還必須思考如何分配報酬。在第6堂課，我們將圍繞著這些主題，為各位介紹資本結構、信用評等以及股權配息等議題。

## 槓桿效應

相信你一定有聽過槓桿（Leverage）這個詞。在財務的領域，常常會聽到「**運用槓桿**」等說法。這句話其實就是「借款」的意思，亦即利用銀行融資、發行公司債等計息債務來獲得資金。

槓桿原本是力學上的「支點」概念。為什麼力學的概念會跟借款扯上關係呢？在力學上，槓桿原理讓我們可以用1個支點和1根棒子，移動原本無法移動或是需要用很大力氣才能移動的物體。後來財務管理借用了這個概念，用「槓桿」來形容以下的狀況：利用計息債務取得資金，以推動原本光靠股東權益（自有資本）無法推動的項目，藉以獲得更大的報酬。然而有個重點千萬要記住：使用「槓桿」的**不是債權人，而是股東。**

槓桿並不是只有企業才能使用。一般人在日常生活中也常常不自覺地「運用槓桿」。比如買房子，絕大多數的日本人都會使用房屋貸款。而房屋貸款也是標準的槓桿之一。換言之，房屋貸款就是對自有資本運用槓桿、放大資金，讓我們能買到原本買不起的東西。

乍看之下槓桿似乎好處多多，沒有什麼缺點，但事實真的是如此嗎？我們用股票投資為例，思考一下運用槓桿和不運用槓桿的2種情況，驗證看看槓桿究竟是不是有利無弊。

首先請見圖64。

假設拿200萬元投資股票，如果不使用槓桿，此時需要準備200萬的自有資本（股東權益）。

另一方面，如果使用槓桿，假設我們準備自有資本100萬元，然

| | | 無槓桿 | | 有槓桿 | |
|---|---|---|---|---|---|
| | 投資額 | 200 | | 200 | |
| 內含 | 股東權益 | 200 | | 100 | |
| | 借入（5%） | 0 | | 100 | |
| | 資本利得 | +50 | △50 | +50 | △50 |
| | 支付利息 | 0 | 0 | △5 | △5 |
| | 淨利 | +50 | △50 | +45 | △55 |
| | ROE | 25% | △25% | 45% | △55% |
| | $\left(\dfrac{淨利}{股東權益}\right)$ | $\left(\dfrac{50}{200}\right)$ | $\left(\dfrac{△50}{200}\right)$ | $\left(\dfrac{45}{100}\right)$ | $\left(\dfrac{△55}{100}\right)$ |

後再用5%利率跟銀行調度100萬元。這個情況，我們需要支付5萬元的利息。

當我們投資的股票上漲25％時，可以獲得200萬的25％，即50萬元的資本利得（股價升值利益）；相反地，若下跌25％，則會流失△50萬元，這部分便是資本損失（Capital loss）。

此時讓我們計算看看ROE（Return on equity＝權益報酬率＝股東權益報酬率）。ROE是用淨利除以股東權益來算，可以顯示相對於自己投入的資金，投資帶來多少報酬。換句話説，就是表示投資效率的指標。

如果不使用槓桿，股價上升時的ROE是25％，下跌時的ROE是△25％。

而如果使用槓桿，由於除資本利得的50萬元之外還要支付5萬元利息，所以淨利是45萬元。因自有資本（股東權益）是100萬元，故

圖65　財務槓桿的好處和壞處

好處（Pros）　　　　　　　　　　　　　　壞處（Cons）

可用較少的
資本獲得　　　　　　　　槓桿　　　　　　使風險增大，
較大的報酬　　　　　　　效應　　　　　　賠錢時賠得多

ROE為45%。當股價下跌時，付完利息後的淨利是△55萬元，ROE
為△55%。

　　由此可見，相較於不使用槓桿，使用槓桿的風險更高（＝離散程
度大）。之前在第2堂課時曾分享過，我以前在美國的商學院求學時，
曾因「風險（＝危機）就是危險加上機會」這句話大受震撼。而槓桿的
效果，正是放大危險和機會的離散程度。

　　換言之，可用更少的資本獲得更大的利益是槓桿的「正面效應」；
但相對地，槓桿效應也有賠錢時賠得更多的「負面效應」（圖65）。

## MM定理

　　那在同時考量槓桿帶來的優缺點之後，相對於股東權益，經營者
究竟該增加多少計息債務才比較合適呢？

　　思考這件事，就等於在思考對企業而言什麼才是「最適資本結構
比例」？又或者是思考究竟是否真的存在最適比例呢？**所謂的資本結
構（Capital structure），就是計息債務跟股東權益的比例。**

　　對於什麼才是企業的最適資本結構這問題，「MM命題」給出了答

案。這個命題的全名是「莫迪尼亞尼 - 米勒定理（Modigliani–Miller theorem）」，取自發表這項理論的 2 位經濟學家，法蘭科·莫迪利安尼（Franco Modigliani）和默頓·霍華德·米勒（Merton Howard Miller）的姓氏。米勒教授在 1990 年拿到諾貝爾經濟學獎時曾自嘲：「我的研究發現 1 片披薩不論切成 2 塊還是切成 4 塊，整片披薩的價值都不會改變。」

MM 定理的第一個命題是「**在完全競爭市場中，企業價值與資本結構無關，不受影響**」。所謂的完全競爭市場（Perfect market），是指公司不用課稅也不會倒閉，所有投資人和經營者掌握的資訊量完全相同，且所有人都會根據手中資訊採取合理行動的市場。是為了方便建構理論而簡化的市場環境。

在這樣的完全競爭市場中，企業價值不受資本結構影響，完全由資金運用決定。換句話說，**企業價值只受產生自由現金流的能力影響，跟調度資金的方法無關**。

此外，對於權益資金成本和槓桿的關係，MM 定理還證明了「**在完全競爭市場中，權益資金成本與負債比率（D／E）成正比**」。這又被稱為 MM 定理的第二命題。

那對經營者而言，債務成本和權益資金成本，哪個的負擔比較重呢？還記得嗎，答案是權益資金成本（參照 65 頁）。話雖如此，若以為提高債務成本的比例（提高負債比率）可以降低 WACC 的話，那你就想錯了。根據 MM 定理的第二命題，當債務成本的比例提高時，權益資金成本也會跟著上升，所以 WACC 會維持不變。所以，**企業價值不會因為資本結構而改變**。

## 節稅效果愈好，企業價值愈高

讀完前面的說明後，有的人可能會心想「什麼嘛，這樣不就簡單了嗎，既然不論用計息債務還是股東權益調度，都不會影響企業價值，那就根本不用考慮兩者的比例啦」。

然而，現實的市場不是完全競爭市場，既需要課稅，也會面對倒閉風險。而且投資人和經營者，所擁有的企業資訊也不可能是對等的。

現在，請回想一下關於計息債務有節稅效果的部分（72頁的圖31）。

在圖31的例子中，對比U公司和L公司的2家公司投資者（股東和債權人），有計息債務的L公司投資者可以多拿到30萬元的現金流，這是因為L公司少付了30萬元的營業所得稅。多虧了「負債的節稅效果」，最終進入投資人手裡的現金變多了。而這個現金流的差異，自然也會導致U公司和L公司兩者的企業價值所有不同。

比如，假設L公司和U公司的營業淨利和資本結構未來永遠維持不變，此時有負債的L公司的企業價值是$V_L$，沒有負債的U公司的企業價值是$V_U$，那麼我們可以得到以下算式（$T_c$是實際稅率，D是計息債務的金額）：

$$V_L = V_U + T_c D$$

換言之，當計息債務的D存在時，相比無負債的公司，有負債公司的企業價值會多出節稅效果價值$T_c D$，也就是D乘上實際稅率$T_c$（圖66）。

接著我們再深入計算節稅效果的現值。假設支付利息等於計息債務的金額D乘以債務成本$r_D$，即$Dr_D$。由於計息債務的存在，公司要課稅的收入可以先減去支付利息$Dr_D$。因此，計息債務D的節稅效果就等於支付利息$Dr_D$乘以實際稅率$T_c$，即$T_c Dr_D$。以圖31的例子來說，節稅效果就是：

實際稅率30％ × 計息債務金額1000萬元 × 利率10％＝30萬元

而有計息債務的L公司今後也會繼續享有這個節稅效果，每期都能產生$T_c Dr_D$的額外現金流。

圖 66　資本結構與企業價值（考慮營業所得稅）

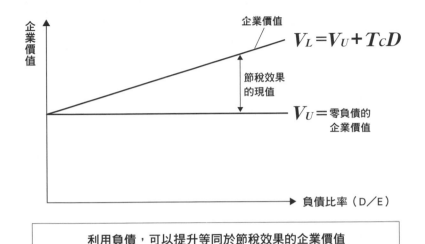

企業價值

企業價值

$V_L = V_U + T_c D$

節稅效果
的現值

$V_U =$ 零負債的
企業價值

負債比率（D／E）

**利用負債，可以提升等同於節稅效果的企業價值**

只要 L 公司還在支付利息 $Dr_D$，這個現金流就永遠存在。而它的風險可以視同計息債務。因此，除以債務成本 $r_D$ 就是：

$$\frac{T_c Dr_D}{r_D}$$

接著要利用到計算永久債券之現值的公式（參照95頁）。以每年的現金流為 $C$，折現率為 $r$，則可每年領現金 $C$ 領到天荒地老的永久債券之現值是：

$$永久債券之現值 = \frac{C}{r}$$

對吧。換言之，把 $T_c Dr_D$ 套入 $C$，把 $r_D$ 套入 $r$，可算出現值為 $T_c D$。

就這樣，我們導出了先前關於「利用計息債務，可提升等同於節稅效果的企業價值」的關係式。

由此證明，利用計息債務，可提升等同於節稅效果的企業價值。若把營業所得稅考慮進來，相較於沒有計息債務的情況，背負計息債務時的企業價值明顯更高。

## 過多的計息債務，反會降低企業價值

至今為止關於資本結構和企業價值的內容，若要用1句話總結就是：「在完全競爭市場中，企業價值與資本結構無關」。在理論上，這句話沒有錯。而把現實世界的營業所得稅考慮進來時，計息債務可以為企業提升等同於節稅效果現值的企業價值。

然而，光是一味增加計息債務，並不能提升企業價值。

**如果計息債務太多，反而會提高倒閉的風險，使公司的企業價值減損等同於財務缺口成本之現值**（圖67、圖68）。

財務缺口成本，除了破產前或申請破產時聘請律師、會計師的開銷之外，還包含了機會成本。暴露在倒閉危機下時，經營者將沒有餘力去處理樂觀的投資案。比如，即使遇到可提升企業價值的投資機會，也很難調度到足夠的資金投資。換言之，這裡失去的投資機會也是種成本（＝機會成本）。

## 什麼是最適資本結構？

回到我們一開始的問題，也就是「何謂最適資本結構」。透過以上的討論我們勉強得出結論 —— 這種東西根本不存在。

既然不存在明確的「最適資本結構」，那麼經營者應該依據什麼，來調整計息債務與股東權益的平衡呢 —— 不禁會產生這樣的疑問。

關於這問題，請大家看看154頁的圖69。在圖66、67，我們從企業價值的角度檢視了資本結構，而圖69則是從WACC的角度來審視

圖 67　資本結構與企業價值（考慮財務缺口成本）

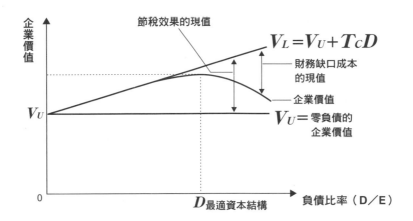

若負債超過一定限度，財務缺口成本的現值
將超過節稅效果的現值，減損企業價值

圖 68　資本結構與企業價值

| 完全競爭市場 | $V_L = V_U$<br>企業價值與資本結構無關 |
|---|---|
| 有營業<br>所得稅時 | $V_L = V_U + T_c D$<br>企業價值隨節稅效果的現值提升 |
| 有營業所得稅<br>&<br>倒閉風險時 | $V_L = V_U + T_c D -$ **財務缺口<br>成本的現值**<br>企業價值等於加上節稅效果現值，再減去財務缺口成本的現值 |

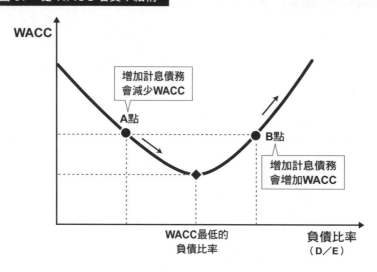

**圖 69　從 WACC 看資本結構**

WACC

增加計息債務
會減少WACC

A點

B點

增加計息債務
會增加WACC

WACC最低的
負債比率

負債比率
（D／E）

資本結構。

　　圖的縱軸代表WACC，橫軸代表計息債務和股東權益的比例。愈往橫軸的右邊走，則計息債務的比例愈高。

　　如圖所示，起初隨著計息債務增加，WACC是下降的。這是因為計息債務擁有節稅效果。

　　由於只利用少量的計息債務，陷入經營困境的可能性較低，因此不需要擔心財務缺口成本。

　　然而，當計息債務增加太多，企業的評等會下降（關於評等的部分我們會在稍後介紹）。於是，債務成本上升了。同時，由於財務風險變大，股東對公司的風險認定也提高，導致權益資金成本跟著上升。而圖中WACC最低的點，就是增加計息債務帶來的節稅效益和財務缺口成本提升，達到最佳平衡的狀態。

　　在思考企業的資本結構時，必須經常檢視自己的公司，是位於這張圖中的哪個位置。

　　比如，當企業位於A點時，增加計息債務可以降低WACC。此時

增加計息債務就是「好的操作」。

然而，如果企業位於B點，增加計息債務反而會增加WACC。此時增加負債就是「不好的操作」。

同理，減少計息債務對於這2種公司也會帶來相反的作用。

那麼，該怎麼知道自己的公司是處於A點還是B點呢？實務上，通常會參考其他同業公司的資本結構，或是參考評等機構的意見。

## 「減少計息債務」真的好嗎？

再次強調，最適資本結構沒有標準答案。然而，客觀上的確存在幾個會影響資本結構的要因。

比如，獲利能力強的企業常傾向維持較低的負債比率（Debt to equity ratio，縮寫為D／E）。這類企業倒閉的可能性很低，照理說應該多利用計息債務的節稅效果，但實際上它們大多都選擇相反的操作。結果，業績愈好的企業，就愈傾向把計息債務控制在比最適資本結構更低的位置。

導致此傾向其中1個可能的原因，是因為從資金調度靈活性的角度來看，負債比增資更有利。因此為了以備不時之需，許多公司不想把負債的餘力全部用完——事實上的確有很多經營者是這麼想的。

然而，對於事業風險高的企業，亦即營業活動的現金流變動率很大的企業，即使沒有任何計息債務也很有可能陷入倒閉的風險，所以同樣也傾向維持低負債比率。

比如對經營社會基礎建設的東京瓦斯公司，這種未來現金流離散程度極低的企業，也就是不存在什麼事業風險的企業，即使增加計息債務也沒什麼關係。

但實際上，東京瓦斯公司卻常常做出壓縮計息債務的操作。這是因為公司內部至今仍然充斥著「減少計息債務是好事」的社會通念。

若根據上述事實回頭思考「最適資本結構」，認為自家公司事業風險高的企業經營者，會選擇使用「喜歡風險的資金」。說得更具體點，

也就是權益融資（Equity financing）；而若是正值成長期的企業，也可以考慮向創業投資（Venture capital）募資。

　　由此可見，在思考資本結構時，**選擇符合事業風險的資金調度**十分重要。

## 對信用評等的誤解

　　接著來聊聊信用評等的部分。

　　相信大家一定在商業新聞中曾經耳聞過穆迪（Moody's）或是標準普爾（Standard & Poor's）之類的評等機構大名。你覺得這些機構究竟站在股東的角度，還是債權人的角度，來判斷1間公司是不是「好公司」呢？

　　答案是⋯⋯**債權人的角度**。所謂的信用評等，其實是針對公司債，也就是計息債務（Debt）評等。因此，評等機構最重視的是債務償還能力。換言之，評等機構評價的是1間公司，在公司債期限前如期還款的能力。

　　在39頁，我們講過了股東和債權人的心態差異。

　　債權人最重視穩定性。在他們的心目中，「計息債務（Debt）少的公司就是好公司」。因為欠債愈少的公司，愈有可能確實償還本金和利息。

　　另一方面，股東重視成長性。他們希望運用槓桿來增加股東價值。

　　說得極端點，債權人最喜歡無負債的公司；但站在股東的立場，要是公司不負債，就白白浪費了債務帶來的節稅效果，也享受不到槓桿提升的投資效益。

　　經由這點，相信你應該知道為什麼認為「提升信用評等可以提高企業價值，連帶提升股價」是錯的了吧。

　　似乎有很多企業經營者以為，信用評等象徵了企業的綜合競爭力，但這其實是個誤解。**信用評等單純只是站在債權人的角度，分析企業還債能力的指標罷了。**

## 股票配息的原理

　　接著再來思考一下「給投資人的報酬」。

　　我們在整本書中不厭其煩地說過非常多次，投資人分為股東和債權人。給債權人的報酬，是與投資本金對應的利息與息票。而本金的部分則會約定在特定日期全額返還，或是每月返還一定額度。相信不用對運作原理多做解釋，大家應該也都很清楚。

　　另一方面，給股東的報酬則有「2種」，這點前面曾經講解過。還記得是哪2種嗎？

　　沒錯，是「股息」（Income gain，也稱作股票配息）和「股價升值利益」（Capital gain，也稱作資本利得）。

　　那麼，股息又是怎麼分配的？

　　其實對股東而言，配息單純只是改變了現金的保管地點。

　　請看次頁的圖70。假設有間A公司（無借款）的投入資本回報率（ROIC）是10％，若投資人以1股50萬元的價格買進A公司的股票，然後1年後股價漲到55萬元。然而，當A公司發放了5萬元的股息，那麼理所當然地，股價將從55萬元下跌至50萬元。結果差別只是把5萬元放在A公司那裡或放在自己口袋裡的差別，這就是「改變現金保存地點」的意思。

　　那麼在何種情況下，股東會因為合理地拿到5萬元配息，而感到高興呢？

　　答案是在當股東急需現金的時候，或是發現其他風險相等，但報酬率超過10％的投資機會時。除此之外的情況，這筆錢還是會繼續放在公司那裡，讓公司加以運用比較好。

　　也不知投資人是否知道配息的原理，每次某間公司宣布今年增加配息時，股價大多情況都會上升。這有可能是宣布增息這件事本身的效應。因為企業會宣布增息，代表經營者對公司未來的營收有著樂觀的預期。換句話說，這間企業的股票適合「做多」。

　　但要注意的是，這也有可能是代表「未來沒有投資機會」的負面

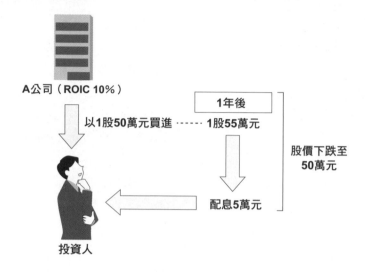

圖70　配息的本質

A公司（ROIC 10%）

以1股50萬元買進 ┈┈ 1股55萬元

1年後

股價下跌至
50萬元

配息5萬元

投資人

訊號。考慮到這點，在判斷時或許還必須注意這間公司的事業處於哪個階段（36頁的圖15）。

## 配息與企業價值

那麼，發放股息會讓企業價值出現何種變化呢？

請見圖71。這是某間公司基於市價的資產負債表（BS）。

在配息前，這間公司基於市價的現金有200萬元，以及其他資產800萬元，總資產為1000萬元。因為沒有計息債務，其企業價值（總資產）跟股東權益（總資本）一樣是1000萬元。其發行股數有100股，每股價格是10萬元。

假設這間公司發放了總共100萬元的股息。於是，公司的現金減少了100萬元。把這100萬元交給股東後，企業價值就減少了100萬元，變成900萬元。同時，股價也變成9萬元。

圖71　配息導致的市價 BS 變化

| 配息前 | | 單位：萬元 |
|---|---|---|
| 現金 | 200 | 股東權益　1,000 |
| 其他資產 | 800 | |
| 總資產 | 1,000 | 總資本　1,000 |

| 企業價值<br>（＝股東價值） | 1,000 |
|---|---|
| 股份數 | 100股 |
| 股價 | 10 |

| 配息後 | | 單位：萬元 |
|---|---|---|
| 現金 | 100 | 股東權益　900 |
| 其他資產 | 800 | |
| 總資產 | 900 | 總資本　900 |

| 企業價值<br>（＝股東價值） | 900 |
|---|---|
| 股份數 | 100股 |
| 股價 | 9 |

圖72　買回自家公司股份導致的市價 BS 變化

| 買回自家公司股份前 | | 單位：萬元 |
|---|---|---|
| 現金 | 200 | 股東權益　1,000 |
| 其他資產 | 800 | |
| 總資產 | 1,000 | 總資本　1,000 |

| 企業價值<br>（＝股東價值） | 1,000 |
|---|---|
| 股份數 | 100股 |
| 股價 | 10 |

| 買回自家公司股份後 | | 單位：萬元 |
|---|---|---|
| 現金 | 100 | 股東權益　900 |
| 其他資產 | 800 | |
| 總資產 | 900 | 總資本　900 |

| 企業價值<br>（＝股東價值） | 900 |
|---|---|
| 股份數 | 90股 |
| 股價 | 10 |

　　確實，比較配息前後，企業價值從1000萬元減少到900萬元。市值總額也從1000萬元變成900萬元。

　　由於有100萬元的現金從公司流出，所以價值減少是理所當然的，但從股東的角度來看，這筆錢只是從公司流到自己口袋裡。

　　換言之，對股東而言，價值（＝自己擁有的份）並沒有改變。雖然整體企業價值可能改變了，但站在股東的角度來看並沒有變化。

　　那麼，到底什麼時候企業應該配息呢？答案是當成長趨緩，逐漸找不到淨現值大於0的投資案件時。

　　還記得淨現值嗎？這是企業投資判斷的指標，代表「進行投資後可以使企業增加多少現金」。忘記的人請翻回123頁再看一遍。

然而，即使沒有值得投資的項目，有的企業還是會把剩餘資金以現金存款的形式放在內部；此時站在股東角度，自然就會覺得「既然現金沒有要拿去投資，那就還給我。我自己會去找更好的投資標的」。

## 買回自家公司股份

　　把資金回饋給股東的方法除了發放股息，還有買回自家公司股份。

　　**所謂的買回自家公司股份，就是現任股東（買回後依然持有股份的股東）接受其他股東買回自家公司股份的申請，以市價從後者手裡買回股份。**

　　那麼，買回自家公司股份對於企業價值會造成什麼影響呢（前頁的圖72）？在圖71的配息例子中，配息前後的股價從10萬元減少到9萬元。

　　在買回自家股份時，假如原本用100萬元買回10股（1股10萬元），那麼買回來的股票可以選擇註銷（減少已發行股數），或用於企業併購（M&A），又或者就放著當作庫藏股（企業自己保有的自家股份，又叫自有股）。庫藏股不能行使議決權也沒有股息。同時，在計算公司的市值總額時也不會計入庫藏股的股數。因此，不論選擇註銷或繼續放著當庫藏股，公司的總股數都會變成90股，使企業價值變成900萬元。至此一切都跟配息一樣。

　　然而，因總股數從100股減為90股，所以股價仍是900萬元÷90股等於10萬元。換言之，買回自家公司股份前後的股價不會改變。

　　但這裡前提是經營層估計的理論股價跟市場價格相同。

　　實際上，買回自家公司股份的行為，會比發放股息向市場釋放更多的訊息。簡而言之，買回自家公司股份會被市場理解為，公司經營層認為自家股票被低估的證據。因為不論是自家還是別家的股票，只要買到股價被高估的股票，都會損害股東價值。相信這世上應該沒有經營者，會故意想損害股東價值吧。不，應該說希望沒有（笑）。

　　另外，買回自家公司股份也代表，經營者有自信公司在未來可創

造出穩定的現金流。但要注意的是，就跟增息一樣，另一方面也可能代表了公司未來沒有可投資機會的負面訊息。

## 企業生命週期與分配

總而言之，還有成長空間的公司，是不會做買回自家公司股份和配息之類的操作。

在公司處於成長期時，站在股東的角度，應該會認為：「就算配息了也是把錢拿去買你們公司的股票，還會浪費股息收入的所得稅。不如留著配息的錢拿去做內部投資。」或者換個說法，就是：「這筆錢你們留著就行了，相對地請想辦法提高股價。不要用配息，用資本利得報答我。」

所以，「不配息」不一定表示公司不重視股東。微軟從1975年創立到2003年為止的28年間堅持不配息，事後看來可以說那是正確的決定。

然而，微軟後來開始實施買回自家公司股份與發放特別股息的政策。這可能被投資人解讀為「微軟已經進入成熟期，可能找不到有前景的投資機會了」的負面訊號。實際上，微軟在2003年1月宣布上市以來第一次配息時，股價立刻下跌了5%。

換言之，當原本快速成長的公司開始配息或買回自家公司股份，就有可能被市場如此解讀。為了避免變成這樣，企業必須在不同事業階段用不同的方式將獲利回饋給股東，並透過IR活動清楚對股東說明決策背後的意義。

## 將財務管理當成經營者的決策工具

不可否認地，在企業遇到緊急的意外狀況時，比起發行新股增資，向金融機構借款會是更快速靈活的資金調度手段。

向銀行借款不僅手續更快，應用起來也更靈活。所以，絕大多數

的企業都傾向平時盡可能減少計息債務。

然而，一味堅持「不要背負計息債務」的做法，不得不說已經是過時的經營觀念了。成熟的經營者，必須要能一邊考量計息債務和信用評等等各種因素，一邊在這些因素間巧妙地掌握平衡。

然而，如此高難度的工作卻沒有標準答案可以依循，相當考驗經營者的操作能力。

說到沒有標準答案，企業價值本身也是如此。對於該如何預測企業未來可產生的現金流這個問題，由於一切都是未來才會發生的事，所以自然也不會有什麼正確答案。

還有，換算自由現金流時使用的折現率，也同樣沒有標準答案。

折現率反映的是投資人認為投資這間企業有多少風險，但不同投資人對風險的認定都不一樣。即便是使用CAPM理論，也無法斷言算出來的數字一定正確。

在此希望各位千萬不要忘記，財務管理不是幫你找到正確答案的道具，而是跟英語一樣全球共通的溝通工具。

希望企業的經營者們都能認識以上這些財務理論的極限，在做決策時將它們當成輔助工具多加利用。

## 参考文献

- ●石野雄一《道具としてのファイナンス》日本実業出版社
- ●石野雄一《ざっくり分かるファイナンス》光文社新書
- ●石野雄一《実況！ビジネス力養成講義 ファイナンス》日本経済新聞出版
- ●矢部謙介《武器としての会計ファイナンス》日本実業出版社
- ●西山茂《「専門家」以外の人のための決算書＆ファイナンスの教科書》東洋経済新報社
- ●岡俊子《図解＆ストーリー「資本コスト」入門 改訂版》中央経済社
- ●川井隆史《現場で使える会計知識》明日香出版社
- ●田中慎一、保田隆明《コーポレートファイナンス 戦略と実践》ダイヤモンド社
- ●新井富雄、高橋文郎、芹田敏夫《コーポレート・ファイナンス 基礎と応用》中央経済社
- ●KPMG FAS《図解でわかる企業価値評価のすべて》日本実業出版社
- ●宮川壽夫《企業価値の神秘》中央経済社

# 索引

## 英文、數字

Balance sheet→資產負債表
BS→資產負債表
Capital gain→資本利得
CAPM —— 59
Debt finance —— 17
Debt→計息債務
Equity financing→權益融資
Equity→股東權益
EVA利差 —— 80
Income gain —— 23
IR —— 74
IRR→內部報酬率
MM定理 —— 148
NPV→淨現值
NPV-R —— 124
ROIC —— 80
TOPIX→東證股價指數
WACC→加權平均資金成本
With-Without原則 —— 141
Working capital→營運資金
$\beta$值 —— 61

## 一劃～五劃

內部報酬率 —— 128
公司債 —— 17
毛利→銷貨毛利
加權平均資金成本 —— 67
市場投資組合 —— 60
市場風險溢酬 —— 60
必要報酬率 —— 56
未付款項 —— 112
本金 —— 40
本票 —— 20
本期淨利 —— 29

## 六劃～十劃

永久債券 —— 94
企業價值 —— 100
回收期間法 —— 135
庫存（存貨）—— 21
成長型永久債券 —— 96
收益率→報酬
有形固定資產 —— 21
自由現金流 —— 34,101
自有資本→股東權益
完全競爭市場 —— 149
投入資本 —— 55
投入資本回報率→ROIC
投資活動的現金流 —— 33
折現 —— 88
折現率 —— 89
折舊攤提 —— 104
沉沒成本 —— 138
事業風險 —— 156
事業階段 —— 35
事業價值 —— 101
東證股價指數 —— 60
直接金融 —— 17
股東價值 —— 116
股東權益 —— 15
股價升值利益→資本利得
金錢的時間價值 —— 84
非事業資產價值 —— 101
非流動負債 —— 22
非流動資產 —— 21
非常利益 —— 29
非常損失 —— 29
保留盈餘 —— 23
信用評等 —— 156
指數基金 —— 61
流水麵理論 —— 39
流動負債 —— 22

流動資產 —— 18
計息債務 —— 17
計息債務的節稅效果 —— 72
負債 —— 15
風險 —— 50
風險溢酬 —— 57
留存利益 → 保留盈餘
財報三表 —— 15
財務缺口成本 —— 152
財務會計 —— 14
配息 → Income gain
高風險、高報酬原則 —— 56

### 十一劃～十五劃

做空 —— 53
國際會計準則 —— 11
帳面價值 —— 69
淨現值 —— 123
淨資產 —— 15
現金流 —— 11
現金流入 —— 11,123
現金流出 —— 11,123
現金流量表 —— 15
現值 —— 87
理論股價 —— 116
理論價格 —— 90
終值 —— 86
設備投資 —— 104
單利 —— 84
報酬 —— 54
報酬率 → 報酬
最低資本報酬率 —— 131
期望報酬率 → 必要報酬率
無形固定資產 —— 22
無風險利率 —— 56
無息債務 —— 78
稅前淨利 —— 29

稅後淨利 → 本期淨利
稅後營業淨利 —— 77
註銷 —— 160
買回自家公司股份 —— 160
間接金融 —— 17
黑字倒閉 —— 10
債務成本 —— 58
債權人價值 → 計息債務
損益表 —— 15
業外支出 —— 28
業外收入 —— 28
經常利益 —— 28
資本成本 —— 63
資本利得 —— 23
資本結構 —— 148
資本額 —— 23
資產負債表 —— 15
預付款項 —— 112
預估營業所得稅 —— 77
實際稅率 —— 69
槓桿 —— 146
管理會計 —— 14
複利 —— 84
銷售費用及一般管理費 —— 28
銷貨毛利 —— 28
銷貨成本 —— 25
銷貨收入 —— 25

### 十六劃～二十劃

機會成本 —— 140
融資活動的現金流 —— 33
應付帳款 —— 19
應付款 → 應付款項
應付款項 —— 25
應收帳款 —— 18
應收票據 —— 20
應收款項 —— 25

營業活動的現金流 —— 31
營業淨利 —— 28
營運資金 —— 25
繼續經營價值 —— 115

## 二十二劃

權益資金成本 —— 58
權益融資 —— 34

## 石野雄一

On track股份有限公司董事長。CAC Holdings股份有限公司外部審計。

日本上智大學理工學部畢業後進入三菱銀行（經合併過後，現為三菱UFJ銀行）。離職後赴美印第安納大學凱瑞商學院，取得經營學碩士（MBA）資格。回日本後進入日產汽車公司，在財務部擔任現金管理與風險管理業務。2007 年為前博思艾倫控股公司從事制定企業戰略、執行支援等工作。2009 年自該公司獨立後，成立 On track 顧問公司，提供企業投資評估基準、退場機制的諮詢、財務模型的建構和培訓等服務。

日文著書有《好用的財務管理》（日本実業出版社）、《最新！商業力養成講義 財務管理》（日本経済新聞出版）等等；繁體中文版的著作則有《公司不教，但要你懂的財務知識》（大是文化）、《漫畫 為什麼有盈餘還是會倒閉？》（大牌出版）。

# 0 基礎學會財務管理

秒懂公司財富密碼的現金流，
投資經營必備的金融知識

2023 年 3 月 1 日初版第一刷發行

作　　　者　石野雄一
譯　　　者　陳識中
編　　　輯　吳欣怡
美 術 編 輯　黃郁琇
發 行 人　若森稔雄
發 行 所　台灣東販股份有限公司
　　　　　　＜地址＞台北市南京東路4段130號2F-1
　　　　　　＜電話＞(02) 2577-8878
　　　　　　＜傳真＞(02) 2577-8896
　　　　　　＜網址＞www.tohan.com.tw
郵撥帳號　1405049-4
法律顧問　蕭雄淋律師
總 經 銷　聯合發行股份有限公司
　　　　　　＜電話＞(02) 2917-8022

國家圖書館出版品預行編目 (CIP) 資料

0 基礎學會財務管理：秒懂公司財富密碼
的現金流,投資經營必備的金融知識 /
石野雄一著 ; 陳識中譯. -- 初版. -- 臺北
市：臺灣東販股份有限公司, 2023.03
168 面 ;14.8×21 公分
ISBN 978-626-329-664-0 ( 平裝 )

1.CST: 財務管理 2.CST: 財務金融

494.7　　　　　　　　　111022258

CHO ZAKKURI WAKARU FINANCE
© YUICHI ISHINO 2022
Originally published in Japan in 2022
by Kobunsha CO., LTD., TOKYO.
Traditional Chinese translation rights
arranged with Kobunsha CO., LTD.,
TOKYO, through TOHAN
CORPORATION, TOKYO.